鉄筋コンクリート工学

【三訂版】

岡村 甫

市ヶ谷出版社

は じ め に

　大学および工業高等専門学校，専修学校の土木工学科の学生を対象として，鉄筋コンクリート工学の基礎をできるだけ平易に述べ，かつ実用的である教科書を書くよう要請されてから数年を経て出来上がったのが本書である。

　本書は，私が「鉄筋コンクリート工学」に関して執筆したものの2冊目である。最初の本である「コンクリート構造の限界状態設計法」においては，コンクリート構造の限界状態設計法の理解にとって必要なコンクリート構造部材の力学特性の中で，私が直接研究に関係した分野を採り上げ，わかりやすく解説したつもりである。しかし，当時のコンクリート標準示方書は限界状態設計法を採用していなかったので，設計との関連については詳しく述べることはできなかった。

　昭和61年土木学会制定のコンクリート標準示方書は，我が国で初めて「限界状態設計法」を全面的に採用した画期的なものである。本書では，この新しいコンクリート標準示方書に従って設計するための基礎が学べることを第一の目的とすると同時に，コンクリート構造の力学特性の基本を理解できるよう配慮したのである。もう一つ心掛けたことは，鉄筋コンクリート工学の分野で学ぶべき事項を整理し，本文には土木工学科の学生にとって必要最小限の事項を挙げるにとどめようとしたことである。

　本書は16章からなっており，1章から14章までは，各章1～2回の講義に相当することを念頭において書いたものである。時間が足りない場合には，8章「部材のせん断耐力」，9章「ねじり耐力」，14章「鉄筋の定着および継手」は省いて頂きたい。これらの章は実務者をも念頭において書いたものであり，実際の設計を行う場合には必要なものであるが，鉄筋コンクリートの本質を理解する上からは，必ずしも必要としないものである。

はじめに

　15章および16章は，コンクリート標準示方書の設計方法を身につける助けとなるものであり，設計演習に適当と考えている．ここでは，仮定した部材がすべての限界状態を満足するかどうかを検討した後に，必要があれば部材断面その他の仮定を変更する方法を採っている．パーソナルコンピュータを用いることを考慮して，すべての情報を得た上で断面その他を変更することが技術者に必要なエンジニアリングセンスを身につける助けとなると考えたからである．「例題」は本書の理解を深めるために是非読んでいただきたいところである．なお，15章，16章および例題は実務経験豊富な前田氏に担当して頂いた．

　本書に用いた用語および記号は原則として，昭和61年土木学会制定のコンクリート標準示方書（本書では示方書と略している）によっている．強度と応力度（fとσ）の記号が異なること，圧縮を表すのに′を用いることとしたことが大きな特徴である．このことによって，引張りを＋とする原則と，従来から行われているようにコンクリートの圧縮応力を＋とすることとが共存可能となったのである．

　最後に，発刊に当たって，尽力された市ケ谷出版社の榎本栄次氏ならびに原稿作成に協力頂いた斉藤洋子さんと田畑和泉さんのおふたりに厚く謝意を表する次第である．

　　昭和61年11月

　　　　　　　　　　　　　　　　　　　　　　　　　　岡　村　　　甫

　本書は昭和61年に刊行され，その時点における知見に基づいて書いたものである．その後，平成8年にコンクリート標準示方書が一部改正され，それに対応して訂正を行うと共に，SI単位に移行したことに伴い、三訂版とした．

　この分野にも進捗があることを考慮すれば，大改訂を行うべきものであるが，現状のままの方が教科書として教えやすいという声が出版社に寄せられているとのことなので，三訂版のミスを訂正して発行を続けることとする．

　　平成30年2月

目　次

はじめに …………………………………………………………… 1

1章　鉄筋コンクリートの特徴 ………………………………… 7

2章　コンクリートの力学的性質 ………………………………11
　2・1　強　　度 ……………………………………………………11
　2・2　応力-ひずみ曲線 …………………………………………15

3章　鉄筋の力学的性質 …………………………………………19
　3・1　強　　度 ……………………………………………………19
　3・2　応力-ひずみ曲線 …………………………………………20

4章　構　造　設　計 ……………………………………………23
　4・1　構造物の設計 ………………………………………………23
　4・2　限界状態設計法 ……………………………………………24
　4・3　安全性の照査 ………………………………………………25
　4・4　安　全　係　数 ……………………………………………26
　4・5　設　計　の　手　順 ………………………………………28

5章　断面の曲げ耐力 ……………………………………………31
　5・1　基　本　仮　定 ……………………………………………31
　5・2　等価応力ブロック …………………………………………33
　5・3　単鉄筋矩形断面の曲げ耐力 ………………………………36

- 5・4 釣合鉄筋比 …………………………………38
- 5・5 任意断面の曲げ耐力 …………………………40
-      例題 ……………………………………………42

6章 曲げと軸方向力に対する断面の耐力 …………48
- 6・1 一般 ………………………………………………48
- 6・2 軸方向圧縮力 ……………………………………49
- 6・3 相互作用図 ………………………………………50
-      例題 ……………………………………………54

7章 棒部材のせん断耐力 ………………………………59
- 7・1 斜めひびわれの発生 ……………………………59
- 7・2 せん断補強鉄筋の降伏 …………………………64
- 7・3 ウエブコンクリートの圧壊 ……………………67
- 7・4 部材係数 …………………………………………69
-      例題 ……………………………………………69

8章 部材のせん断耐力 …………………………………72
- 8・1 面部材 ……………………………………………72
- 8・2 せん断伝達 ………………………………………76
- 8・3 ディープビーム …………………………………77

9章 ねじり耐力 …………………………………………79
- 9・1 一般 ………………………………………………79
- 9・2 ねじり補強のない場合 …………………………80
- 9・3 ねじり補強のある場合 …………………………83

目　　次　5

10章　曲げ応力度……………………………………………87
　10・1　一　　般…………………………………………87
　10・2　単鉄筋矩形断面……………………………………89
　　　　　例　　題……………………………………………91

11章　ひびわれに対する検討………………………………95
　11・1　一　　般…………………………………………95
　11・2　許容ひびわれ幅……………………………………96
　11・3　曲げひびわれ幅の算定式…………………………98
　　　　　例　　題…………………………………………102

12章　疲労設計……………………………………………103
　12・1　一　　般…………………………………………103
　12・2　コンクリートの疲労強度…………………………104
　12・3　鉄筋の疲労強度……………………………………106
　12・4　はりの曲げ疲労……………………………………108
　12・5　はりのせん断疲労…………………………………110
　　　　　例　　題…………………………………………113

13章　プレストレストコンクリート………………………119
　13・1　一　　般…………………………………………119
　13・2　有効プレストレス…………………………………120
　13・3　使用限界状態に対する検討………………………124
　　　　　例　　題…………………………………………129

14章　鉄筋の定着および継手………………………………132
　14・1　定着の方法…………………………………………132

14・2　定着長と定着余長　　　　　　　　　　　　133
14・3　引張側定着　　　　　　　　　　　　　　　136
14・4　鉄筋の継手　　　　　　　　　　　　　　　137

15章　T形ばりの設計例　　　　　　　　　　　　　140
　15・1　設計条件　　　　　　　　　　　　　　　140
　15・2　使用材料および断面の仮定　　　　　　　144
　15・3　曲げ耐力の検討　　　　　　　　　　　　148
　15・4　せん断耐力の検討　　　　　　　　　　　150
　15・5　ひびわれの検討　　　　　　　　　　　　152
　15・6　たわみの検討　　　　　　　　　　　　　154
　15・7　曲げ疲労耐力の検討　　　　　　　　　　156
　15・8　せん断疲労耐力の検討　　　　　　　　　157
　15・9　使用材料および断面の変更　　　　　　　159

16章　倒立T形擁壁の設計例　　　　　　　　　　　165
　16・1　設計条件　　　　　　　　　　　　　　　165
　16・2　使用材料および断面の仮定　　　　　　　170
　16・3　剛体の安定　　　　　　　　　　　　　　173
　16・4　鉛直壁の設計　　　　　　　　　　　　　179
　16・5　フーチングの設計　　　　　　　　　　　187
　16・6　使用材料および断面の変更　　　　　　　196

索　引　　　　　　　　　　　　　　　　　　　　　197

1 章

鉄筋コンクリートの特徴

鉄筋コンクリート（reinforced concrete）は，鉄筋とコンクリートとが共同して外力に抵抗する一種の複合構造である。コンクリートは，圧縮には強い

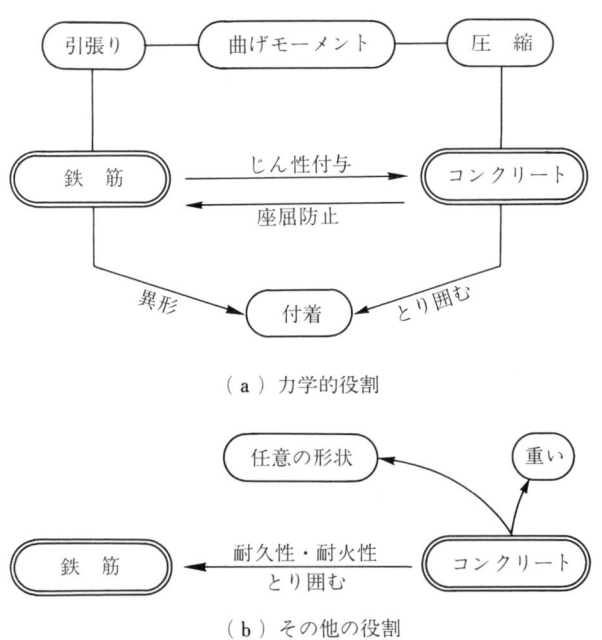

図 1・1 鉄筋コンクリートにおける構成材料の役割

が，引張りには弱いので，引張りに強い鉄筋と組み合せることによって，経済的な構造ができるのである（図 1・1(a)参照）。

コンクリート（concrete）は，それ自身がセメント硬化体と骨材との複合材料（composite material）であるばかりでなく，材齢の増加と共に成長していく aging material でもある。その主な特徴は，**圧縮**に強く，**重量**が重く，**アルカリ性**であることである。

圧縮強度 f'_c は，通常 20～40 N/mm² のものが多く，60 N/mm² 程度のものまでが実用に供されている。100 N/mm² 以上のものを作ることも可能である。しかし，**引張強度** f_t は弱く，圧縮強度の約 1/10 であり，0.02 % 程度の引張ひずみでひびわれが発生する。コンクリートは弾性体ではないが，作用応力があまり大きくない範囲では，弾性体と仮定してもよい。その場合の弾性係数 E_c はコンクリートの強度によって異なるが，一般に，25～35 kN/mm² である。しかし，最大圧縮応力に対応するひずみ ε'_o は，コンクリートの強度による影響をあまり受けず，一般に，0.2 % 程度である（図 1・2 参照）。

単位体積重量は，通常 23～25 N/m³ である。セメント硬化体がアルカリ性であるために，コンクリート中の鉄筋はその表面に皮膜を形成し，腐食作用に

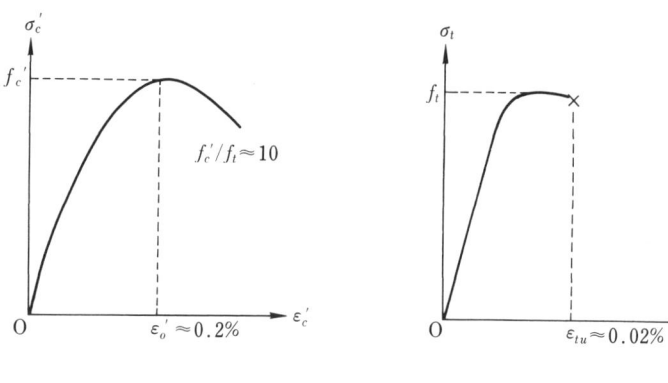

（a）圧　縮　　　　　　（b）引張り

図 1・2　コンクリートの力学的特性

対して保護されているのである。

鉄筋（reinforcement）は，一般に，その表面に凹凸を持つ棒鋼（**異形鉄筋**）であって，**引張強度**が強く，**じん性**に富むのが特徴である。この特徴によって，コンクリートを有効に補強（reinforce）することができる。一方，コンクリート中の鉄筋は，圧縮力を受けた場合にも，一般に座屈することがない。なお，鉄筋がコンクリートの補強材として適しているのは，コンクリートとの**付着**が良いことと，**線膨張係数**がコンクリートとほぼ等しいことによる。**降伏強度** f_y は，通常 300～400 N/mm² であって，コンクリート圧縮強度の約 **10 倍**である。また，**弾性係数** E_s は，鉄筋の強度にかかわらずほぼ一定で，約 200 kN/mm² であり，これもコンクリートのオーダーの約 **10 倍**である。なお，降伏が始まる時のひずみ ε_y は，約 **0.2 %** であって，コンクリートのひびわれが発生するときのひずみ ε_{tu} の約 **10 倍**である（図 1・3 参照）。

　鉄筋コンクリートの特性は，その構成要素であるコンクリートと補強鉄筋の特性で決まり，前記の特性を持つ鉄筋とコンクリートとを用いた場合の特徴を挙げると，次のようになる。これらは主としてコンクリートの特徴である。コンクリートあるいは鉄筋の特性が大幅に変われば，鉄筋コンクリートの特性も

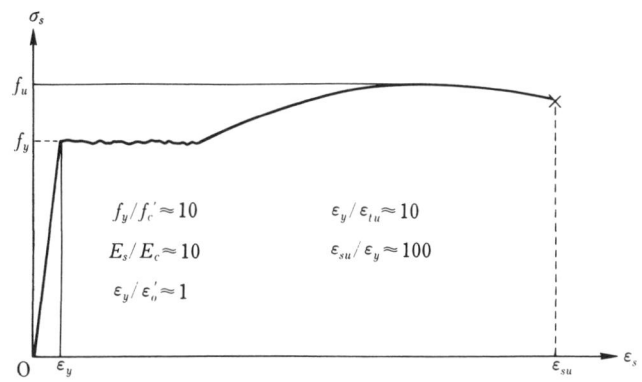

図 1・3　鉄筋の力学的特性

異なることになる。
 (1) 任意の形状・寸法の部材および構造物を造ることができる。
 (2) 構造物の性質，特に耐久性は，施工の良否に依存する。
 (3) 材料の入手が容易であり，経済的である。
 (4) 耐久性および耐火性のあるものを容易に造ることができる。
 (5) 改造あるいは取り壊しが容易でない。
 (6) 自重が大きい。

2 章

コンクリートの力学的性質

2・1 強　　度

　コンクリートの圧縮強度 f_c' は，コンクリートの配合，養生方法，材齢などによって異なるだけでなく，その試験値は，供試体の形状寸法，載荷の方法などによっても異なる。そのために，供試体の製造，載荷試験の要領などに関して一定の試験方法を定め，それによる試験によって強度を求めることにしている。我が国では，圧縮強度試験用供試体として，高さが直径の2倍の円柱供試体を用いている（図2・1参照）。単に圧縮強度といえば，この円柱供試体によるものを指すが，更に明確にするときには，これを**シリンダー強度**と呼んでいる。なお，イギリスやドイツなどでは立方供試体を用いており，それによる強度は円柱供試体によるものの約 1.2 倍となる。

　コンクリート構造物の設計において基準とするコンクリートの強度を**設計基準強度** f_{ck}' と呼ぶ。設計基準強度には，一般に，標準養生（20℃水中養生）を行った供試体の**材齢28日**における圧縮強度の特性値を用いている。これは，コンクリートの曲げ強度，引張強度などは圧縮強度からだいたい判断できること，コンクリートの圧縮強度は，適当な養生が行われる場合には材齢と共に増加し，標準養生を行った供試体の材齢28日における圧縮強度以上となることが期待できるからである。

　タンク，基礎マットなどマッシブなコンクリート構造物では，適切な養生が

期待でき，コンクリート打設後かなり長い期間にわたって強度増加が期待できるばかりでなく，設計荷重が作用するのも遅い場合がある。このような場合には，**材齢91日**における値を設計の基準とすることもある。

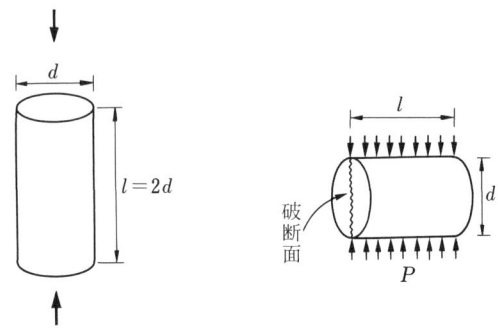

図 2・1 コンクリートの圧縮強度試験　　**図 2・2** コンクリートの引張強度試験

コンクリートの引張強度 f_t は，圧縮強度の 1/10 程度であるが，その比は圧縮強度が大きくなるに従って小さくなる。引張強度試験は，コンクリートを軸方向に引張ることが非常に困難であるので，円柱供試体を横にして上下から一様に加圧することにより，鉛直断面に引張応力を起こさせる試験によって求めるのが一般的である（図 2・2 参照）。この試験による引張強度は，円板に集中荷重が作用するときの弾性解析から式（2・1）によって求めている。

$$f_t = \frac{2P}{\pi d l} \qquad (2・1)$$

ここに，P：最大荷重

　　　　d：供試体の直径

　　　　l：供試体の長さ

コンクリートの引張強度と圧縮強度との関係は，骨材の性質その他によって異なるが，一般に式（2・2）で与えられると考えてよい。

$$f_t = 0.27 f_c^{\frac{2}{3}} \qquad (単位：N/mm^2) \qquad (2・2)$$

コンクリートの曲げ強度 f_b は，一般に正方形断面のコンクリートはりに 3 等

分点載荷して求めた破壊曲げモーメントから，コンクリートを弾性体と仮定して，式 (2・3) によって求めている．

$$f_b = M/Z \tag{2・3}$$

ここに，M：最大曲げモーメント

Z：断面係数（幅 b，高さ h の矩形断面では $Z = bh^2/6$）

曲げ試験において，破壊荷重近くでは，断面内の曲げ応力が直線分布ではなくなるので，均一な引張応力状態における引張強度よりも，式 (2・3) で求めた曲げ強度は大きくなる．

曲げ強度と圧縮強度の関係については，引張強度と同様に圧縮強度との関係が知られており，式 (2・4) により与えられると考えてよい．

$$f_b = 0.46 f_c'^{\frac{2}{3}} \quad (\text{単位：N/mm}^2) \tag{2・4}$$

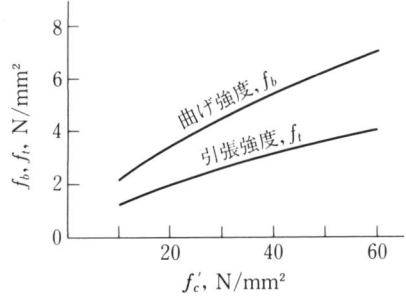

図 2・3 引張りおよび曲げ強度と圧縮強度との関係

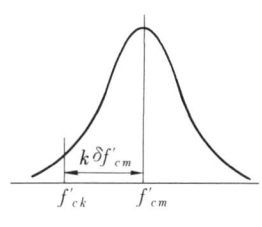

図 2・4 コンクリートの設計基準強度

コンクリートの設計圧縮強度 f_{cd}' は，設計基準強度 f_{ck}' を材料係数 γ_c で除したものである．

$$f_{cd}' = f_{ck}'/\gamma_c \tag{2・5}$$

コンクリートの設計基準強度 f_{ck}' は，試験値のばらつきを想定した上で，大部分の試験値がその値を下回ることのないことが保証される値であって，一般に，式 (2・6) で表される．

$$f'_{ck} = f'_{cm}(1-k\delta) \qquad (2\cdot 6)$$

ここに，f'_{cm}：圧縮強度試験値の平均

δ：試験値の変動係数

k：係数で，基準強度より小さい試験値が得られる確率と試験値の分布形より定まる。設計基準強度を下回る確率を5%とし，分布形を正規分布とすると，1.64となる（図2・4参照）。

コンクリートに対する材料安全係数 γ_c は，コンクリートの運搬・打ち込み条件に基づく変動，締め固め不十分による局部的欠陥，型枠の不良による局部的欠陥，養生の相違による影響など，供試体と実構造物におけるコンクリートとの相違，設計基準強度以下の試験値が生ずる可能性，および長期載荷状態にあることの影響などを考慮するための安全係数である。これらの複雑な要因を合理的に取り扱うことが不可能であるために，その適当な値を理論的に導くこと

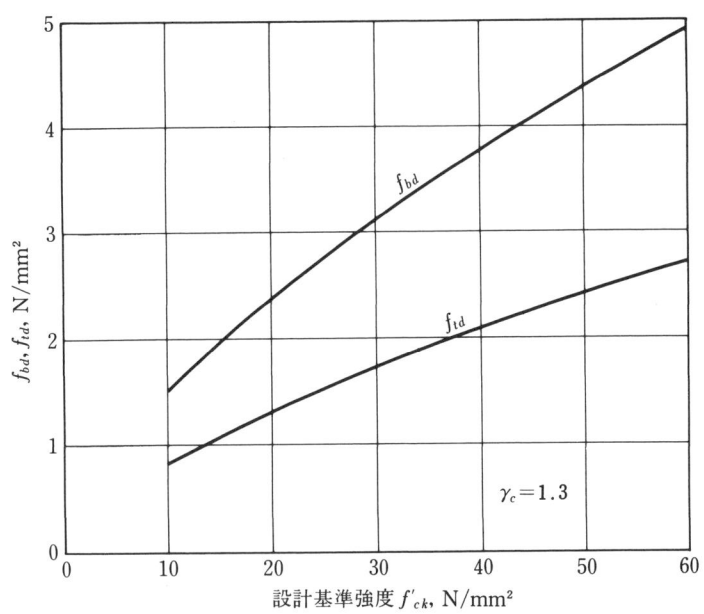

図 2・5 引張りおよび曲げ強度における寸法効果

はできないが，鉄筋に対する安全係数を1とすれば，施工が良好な場合には，示方書では，一般に，コンクリートに対する材料安全係数を1.3としてよいとしている。これは，コンクリートの破壊により部材が破壊する場合には，破壊がぜい性的であるので，コンクリートの破壊を鉄筋の降伏より遅らせることをも考慮したものである。

コンクリートの**引張強度** f_{tk} および**曲げ強度** f_{bk} の特性値は，示方書では，設計基準強度 f'_{ck} によって，それぞれ，以下のように表されている。これらの式は，強度の変動係数が，0.10〜0.15として，求めたものである。

$$f_{tk} = 0.23 f'^{\frac{2}{3}}_{ck} \tag{2・7}$$

$$f_{bk} = 0.42 f'^{\frac{2}{3}}_{ck} \tag{2・8}$$

2・2 応力-ひずみ曲線

コンクリートの応力-ひずみ曲線は，鉄筋コンクリートの力学的性質にとって極めて重要な性質である。一軸圧縮応力下におけるコンクリートの応力-ひずみ曲線は，図 2・6 に示すように，三つの部分に分けられる。(i)は比較的直線の部分であり，(ii)は徐々にカーブしてゆき，最大応力 f''_c に対応するひずみ ε'_o に達するまでであり，(iii)はひずみの増加と共に応力が減少する部分である。

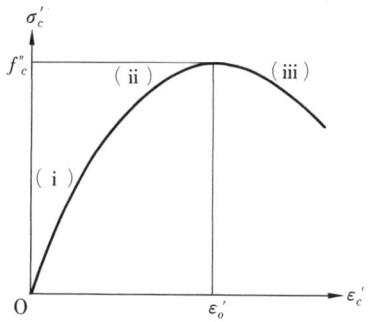
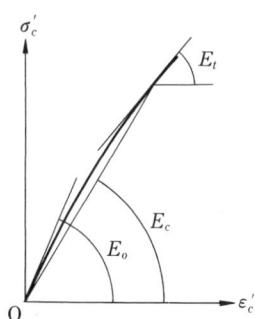

図 2・6　コンクリートの応力-ひずみ曲線　　図 2・7　各種弾性係数

構造物の使用状態におけるコンクリートの応力レベルは，通常，(i)の部分にあり，コンクリートを弾性体として取り扱ってよい範囲にある。その場合，コンクリートは一定の弾性係数を持つものとして計算する。**弾性係数**としては，初期接線弾性係数 E_o，接線弾性係数 E_t，および割線弾性係数 E_c があるが，通常，割線弾性係数 E_c を用いる（図 2・7 参照）。この割線弾性係数は応力の大きさによって異なるので，応力の大きさを指定しないと値が定まらない。通常は，圧縮強度の 1/3 程度の応力度に対応する値が用いられている。

コンクリートの(割線)**弾性係数** E_c は，セメント硬化体の性質，骨材の形状・弾性係数・表面状態，骨材とセメント硬化体との比率，乾湿の状態などによって異なり，実験によって求める必要がある。しかし，良質の骨材を用いる場合には，コンクリートの圧縮強度 f'_c によって判断できるので，特に正確な値を必要としない限り，設計では，f'_c の関数で表した値を用いている。式 (2・9) はコンクリートの弾性係数を最近の実験により求めたものである（図 2・8 参照）。近年，良質な骨材が不足し，骨材の品質が低下してきたため，以前と比べてコンクリートの弾性係数が小さくなってきている。

$$E_c = 8\,500\, f'^{\frac{1}{3}}_c \qquad (単位：N/mm^2) \qquad (2・9)$$

示方書では，コンクリートの弾性係数を，設計基準強度の関数として，表で与えている。これを，図の形にして，図 2・9 に示した。

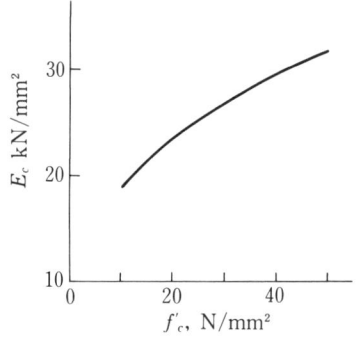

図 2・8 コンクリートの弾性係数

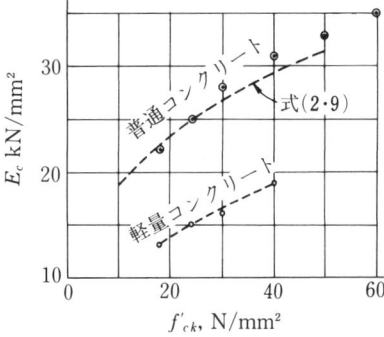

図 2・9 弾性係数の設計用値(示方書)

曲げおよび軸方向力による断面の破壊，その他の設計計算において，コンクリートの圧縮応力 σ'_{cd} と圧縮ひずみ ε'_c との関係がモデル化される。図 2・6 の(i)〜(ii)の領域を表現するモデルとして，式（2・10）のような2次放物線が用いられることが多い（図 2・10 参照）。

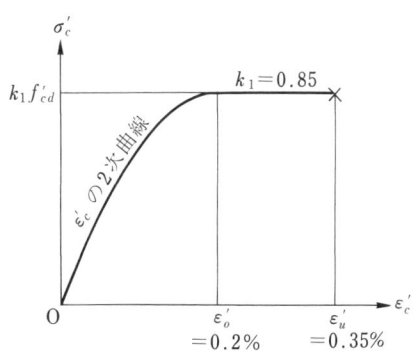

図 2・10 設計用の応力 - ひずみ曲線(示方書)

$$\sigma'_{cd} = f''_{cd}\left[2\left(\frac{\varepsilon'_c}{\varepsilon'_o}\right) - \left(\frac{\varepsilon'_c}{\varepsilon'_o}\right)^2\right] \qquad (2・10)$$

ここに，$f''_{cd} = f''_{ck}/\gamma_c$

f''_{ck}：コンクリートの一軸圧縮強度の特性値

$= k_1 f'_{ck}$

ε'_o：一般に0.2％程度の値である。

コンクリート部材の設計では，従来から k_1 を 0.85 としている。この理由としては，必ずしも意見が一致していないが，圧縮強度試験時には載荷面の摩擦抵抗によって横方向の変形が拘束されるため，横方向に全く拘束されていない状態での一軸圧縮強度よりシリンダー強度が大きいこと，実際の部材ではコンクリートの締固めが供試体のように完全ではないこと，持続載荷による影響などを考慮するためと考えられている。しかし，実際の部材におけるコンクリートと供試体との相違は，材料安全係数でカバーされるとしているので，主とし

て，一軸圧縮強度がシリンダー強度よりも小さいことを考慮する定数と考えるのがよいと思われる。

(iii)の領域については，最も簡単である水平な直線で近似する方法が，よく設計に利用される。その場合，断面耐力の計算に用いる最大ひずみ ε'_u は0.2%〜0.4%の値である。なお，示方書では，ε'_u を0.35%としている。

3 章

鉄筋の力学的性質

3・1 強　　度

　鉄筋コンクリートに用いる鉄筋は，強度，加工性，溶接性，耐疲労性，付着性等の性質および形状・寸法等が重要である。これらの性質のうち，強度，加工性，付着性および形状・寸法等については日本工業規格に規定されている（表3・1および表3・2参照）。

　JIS G 3112「鉄筋コンクリート用棒鋼」には，SR235，SR295，SD295A，SD295B，SD345，SD390およびSD490の7種が規定されている。我が国では現在，主要な構造物には，主としてSD345が使用されている。今後は，SD390あるいはSD490の使用も増加していくものと思われる。

　鉄筋の種別表示の数字（例えばSD345の345）は規格の**降伏強度**（345N/mm²）を示している。降伏強度が表示されるのは，鉄筋コンクリートにおいては，鉄筋の引張強度よりも降伏強度の方が重要な意味をもっているからである。鉄筋の種別表示記号のRは丸鋼（Round bar）を意味し，Dは表面に凹凸をつけて付着性を良くした**異形鉄筋**（Deformed bar）（図 3・1 参照）を意味している。異形鉄

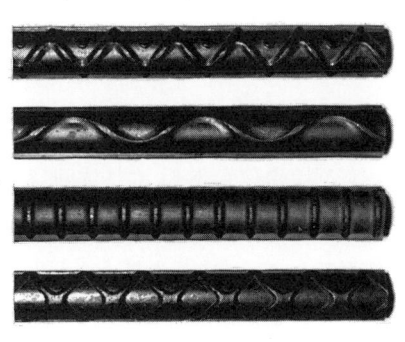

図 3・1　異形鉄筋

筋は，表面に突起を持っており，軸線方向の突起を**リブ**といい，軸線方向以外の突起を**ふし**という。異形鉄筋のふしは，全長にわたり，ほぼ一定間隔に分布し，同一形状・寸法を持つものである。異形鉄筋ではふしのつけ根に応力が集中し，耐疲労性が低下するので，この部分の応力集中をできるだけ少なくし，耐疲労性を高める配慮が必要である。

異形鉄筋の場合，鉄筋の直径は呼び名で呼ばれる（表 3・2 参照）。呼び名は公称直径をミリ整数に直し，丸鋼と区別するためにDをつけたものである。

公称直径および公称断面積は，表 3・2 に示す単位重量と同一の単位重量をもつ丸鋼の直径および断面積である。なお，公称直径の寸法は 1/4 インチから 1/8 インチ増しで $1\frac{5}{8}$ インチまで，および 2 インチを加えたインチ立てで，これをミリメートルで表している。

鉄筋周長の断面積に対する比は，鉄筋径が大きくなるほど小さくなるので，良好な付着性を得るためには，太径の鉄筋ほど表面形状が重要である。

我が国の太径異形鉄筋（D 41 および D 51）は，規定の範囲内で，ふしの占める割合が比較的大きいものが製造されている。

3・2 応力-ひずみ曲線

鉄筋の応力-ひずみ曲線は，図 3・2 に示すように，弾性部分，塑性部分およびひずみ硬化部分からなっている。弾性部分の最大値である降伏点強度 f_y は，コンクリートの圧縮強度 f'_c の**10倍**，引張強度 f_t の**100倍**のオーダーであり，降伏を開始する時の**降伏ひずみ ε_y** はコンクリートの最大引張ひずみの**10倍**，終局圧縮ひずみ ε'_u とほぼ同じオーダーである。また，鉄筋の塑性域はコンクリートの終局圧縮ひずみの数倍のオーダーである。

鉄筋コンクリートにおける鉄筋のひずみは，破壊時には，一般に塑性域に達しており，ひずみ硬化域に入っている場合もある。しかし，ひずみ硬化域の形状は，規格に示されておらず，その効果を設計に採り入れてもあまり大きな影

響がない。それで，**設計に用いる応力-ひずみ曲線**は，図 3・3 に示すように，完全弾塑性とするのが一般的である。

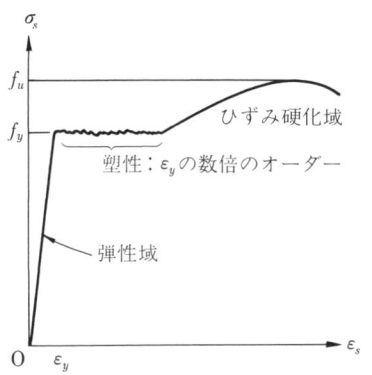

図 3・2 鉄筋の応力-ひずみ曲線

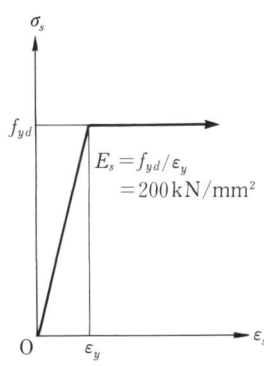

図 3・3 設計用の応力-ひずみ曲線

表 3・1 鉄筋の機械的性質（JIS G 3112-1987）

種類の記号	引張試験			
	降伏点又は 0.2% 耐力 N/mm²	引張強さ N/mm²	試験片	伸び* %
SR235	235以上	380〜520	2 号	20以上
			3 号	24以上
SR295	295以上	440〜600	2 号	18以上
			3 号	20以上
SD295A	295以上	440〜600	2号に準じるもの	16以上
			3号に準じるもの	18以上
SD295B	295〜390	440以上	2号に準じるもの	16以上
			3号に準じるもの	18以上
SD345	345〜440	490以上	2号に準じるもの	18以上
			3号に準じるもの	20以上
SD390	390〜510	560以上	2号に準じるもの	16以上
			3号に準じるもの	18以上
SD490	490〜630	620以上	2号に準じるもの	12以上
			3号に準じるもの	14以上

* 異形鉄筋では，寸法が呼び名3を増すごとに表 3・1 の伸び値からそれぞれ 2% 減じる。ただし，減じる限度は 4% とする。

表 3・2 異形鉄筋の寸法およびふしの許容限度 (JIS G 3112-1987)

呼び名	公称直径 (d) mm	公称周長 (u) cm	公称断面積 (A_s) cm²	ふしの平均間隔の最大値 mm	ふしの高さの最小値 mm	ふしのすき間の和の最大値 mm
D 6	6.35	2.0	0.3167	4.4	0.3	5.0
D 10	9.53	3.0	0.7133	6.7	0.4	7.5
D 13	12.7	4.0	1.267	8.9	0.5	10.0
D 16	15.9	5.0	1.986	11.1	0.7	12.5
D 19	19.1	6.0	2.865	13.4	1.0	15.0
D 22	22.2	7.0	3.871	15.5	1.1	17.5
D 25	25.4	8.0	5.067	17.8	1.3	20.0
D 29	28.6	9.0	6.424	20.0	1.4	22.5
D 32	31.8	10.0	7.942	22.3	1.6	25.0
D 35	34.9	11.0	9.566	24.4	1.7	27.5
D 38	38.1	12.0	11.40	26.7	1.9	30.0
D 41	41.3	13.0	13.40	28.9	2.1	32.5
D 51	50.8	16.0	20.27	35.6	2.5	40.0

〔備考〕 1. ふしの間隔は，その公称直径の70%以下とし，算出値を小数点以下1けたに丸める。

2. ふしのすき間の合計は，公称周長の25%以下とし，算出値を小数点以下1けたに丸める。

  リブとふしとが離れている場合，およびリブがない場合にはふしの欠損部の幅を，また，ふしとリブとが接続している場合にはリブの幅を，それぞれふしのすき間とする。

3. ふしの高さは次表によるものとし，算出値を小数点以下1けたに丸める。

寸　法	ふしの高さ	
	最　小	最　大
呼び名D13以下	公称直径の 4.0%	最小値の2倍
呼び名D13を越えD19未満	公称直径の 4.5%	最小値の2倍
呼び名D19以上	公称直径の 5.0%	最小値の2倍

4. ふしと軸線との角度は45°以上とする。

4 章

構 造 設 計

4・1 構造物の設計

　土木構造物には，橋梁，トンネル，防波堤，岸壁，ダム，下水道などがあるが，これらはいずれも国民生活に直接関連する公共性の高いものであり，その使用期間も長いものが多い。これらの構造物には，構造物の自重，自動車，列車，群集，地震，風，雪，土圧，水圧，波圧，潮流圧，温度など種々の荷重が作用する。したがって，構造物は建造中および使用期間中に構造物に作用するあらゆる外力に対して安全であり，かつ，その使用期間を通じてその使用目的を果たすようなものでなければならない。すなわち，構造物に作用する荷重により破壊することなく，気象作用に対し耐久的であり，通常の使用に対しても不都合を生じないようなものでなければならない。このような構造物は，設計，施工および適切な維持管理によって得られる。

　構造物の設計においては経済性を考慮する必要がある。この経済性の中には，建設費用の他に，維持管理，補修，一部取替えの費用や危険補償費といったものも考慮に入れる必要がある。また，使用材料と構造形式の選択に当たっては，材料費の他に，施工の難易，仮設施設，工期なども考慮する必要がある。さらに，構造物によっては，景観が設計において特に重要になることもある。

　構造物の設計には，構造物を建設する必要性を検討し，その計画を立て，適切な構造形式を選定する段階と，それにより絞られた構造物の基本形状に対し

て，各部材の断面を，各種の条件を満足するように決定する段階がある。普通，後者を**構造設計**と呼ぶが，本書では主としてこの構造設計を取り扱っている。

4・2　限界状態設計法

限界状態設計法という設計体系は，その構造物に生じてはならないいくつかの限界状態を設定し，その状態の発生に対する安全性を個々に照査するものである。

限界状態とは，その状態に達すると不都合さが急激に増加する状態である。
例えば，構造物が転倒あるいは滑動したり，構造物の部材が破壊したり，あるいは，過大なひびわれの発生や過大なたわみが生じる状態である。これらの限界状態は，大きく分けて，終局限界状態，使用限界状態，疲労限界状態に分類することができる。

終局限界状態は最大耐力に対応する限界状態である。例えば，構造物のある断面において，鋼材の降伏やコンクリートの圧壊が生じたり，ある部材が座屈したり，構造物全体が安定を失うなど，構造物の使用目的を果たすことができなくなるような状態である。この限界状態は，非常に大きな荷重がただ1回，構造物に作用することにより生じる。また，その限界状態に達すると，人命，社会機能，復旧の費用等の被害が大きいので，その発生確率を非常に小さくする必要があるものである。

使用限界状態は通常の供用または耐久性に関する限界状態であり，美観あるいは構造物の機能に悪影響を与えるような過度のたわみを生じたり，鋼材の腐食，美観あるいは機能に悪影響を与えるような過度のひびわれを生じたり，過大な振動を生じたりする比較的軽微な不都合を生じる状態である。この状態は，比較的頻繁に作用する荷重により発生し，その被害は終局限界状態に比べて小さく，その現れ方も緩やかである。このため，日常の保守が行え，損傷に対し修繕を行うことができる場合が多い。さらに，使用状態の変化に対して補強が

できる場合もあるので，終局限界状態に比べて，その発生確率を大幅に緩めても良いものである．なお，仮設構造物においては，この使用限界状態のうち耐久性に対する検討は必要とならない．

疲労限界状態は，荷重が繰返し作用することによって，鋼材の破断，コンクリートの圧壊，あるいは部材の破壊を生ずる状態である．その被害は終局限界状態の場合に近いが，比較的頻繁に作用する荷重が対象になること，破壊には最大荷重の大きさではなく，荷重振幅の影響が大きいことから別個に取り扱うのが便利である．疲労限界状態に対する検討が必要となるのは，自動車荷重が繰り返し作用する道路橋，列車荷重を受ける鉄道橋，波浪の作用を受ける海洋構造物等のように，変動荷重による影響が大きい場合である．

4・3 安全性の照査

構造物が破壊するかどうかは，その構造物が受ける荷重の大きさと構造物の耐荷力あるいは抵抗力との大小関係で定まる．その際に，この両者が共に確定された値であれば，安全な構造物を設計することは簡単である．しかし，実際には，構造材料の品質のばらつき，荷重の大きさの決定に対する不確実性などのため，推定の域を出ない．したがって，構造物の合理的な設計をするためには，これらの不確実性に対して適当な安全率を考慮する必要がある．

部分安全係数法と呼ばれる照査方法は，これらの不確実性を考慮するためにいくつかの安全係数を導入するものである．そして，設計における材料強度および荷重の大きさに関する基準として，特性値を用い，式（4・1）によって安全性の照査を行うことが基本となる．

$$\frac{\gamma_i \cdot \Sigma \gamma_a \cdot S(\gamma_f \cdot F_k)}{R(f_k/\gamma_m)/\gamma_b} \leq 1.0 \qquad (4\cdot1)$$

ここに，R および S は抵抗値および作用値であって，分母を設計抵抗値（例えば設計耐力），分子を設計作用値（例えば設計断面力）と呼ぶ．鉄筋コンクリ

ート工学の主眼点はどのようにして抵抗値を算出するかであって，本書の大部分はこれに当てられている．なお，作用値をどのように算出するかは構造力学の主要な目的である．f_kおよびF_kはそれぞれ材料強度および荷重の特性値である．γ_m, γ_b, γ_a, γ_fおよびγ_iは部分安全係数であり，それぞれ，材料係数，部材係数，構造解析係数，荷重係数および構造物係数と呼ばれている．

4・4 安 全 係 数

　安全係数は，使用限界状態に対しては，いずれも1.0を採ることを原則としている．

　コンクリートの材料強度特性値は，標準養生を行った供試体による試験値に基いて定められており，構造物中のコンクリート強度との差異をカバーするための安全係数が必要である．コンクリートの運搬および打込み条件の相違による変動，締固め不十分による局部的な欠陥，型枠の不良による局部的な欠陥，養生の相違による影響等を考慮するための**材料係数** γ_c である．この安全係数には，特性値以下の試験値が生ずる可能性および長期載荷状態にあることの影響などをカバーする意味も含まれている．また，コンクリートの破壊によって部材が破壊する場合におけるぜい性破壊を，鋼材の降伏よりも遅らせる意味で，この値を大きく採ることも考えられるのである．その値は，終局限界状態および疲労限界状態に対して，一般には，1.3程度が適当と考えられている．

　鉄筋およびPC鋼材については，JIS規格値を下回る可能性は極めて少ないこと，構造物中のものと同一のもので試験できることから，JIS規格値を特性値とする場合には，その特性値を設計用値として用いてよいと考えられる．すなわち，鉄筋およびPC鋼材に関する**材料係数** γ_s は，終局限界状態に対しても，一般に1.0としてよいのである．

　しかし，鉄筋やPC鋼材を除く一般の鋼材では構造物中のものと同一のものでは試験されず，切出された供試体について試験されるので，鉄筋やPC鋼材

の場合より幾分大き目の材料係数を用いるのが適当であって，示方書では1.05の値を与えている。

　部材係数 γ_b は，強度解析における部材耐力等の算定式の不確実性，部材寸法のバラツキの影響，鋼材位置の不正確さ，部材の重要度すなわち部材が限界状態に達した時の構造物に与える影響などを考慮するためのものである。部材耐力等の算定式の不確実性は，用いる算定式によって異なるので，それぞれの式に対して適当な値を与える必要がある。一般には，変動係数が10%程度のものが多く，その場合には1.15程度の値とすればよい。部材の重要度とは，例えば，柱がはりよりも重要であるというように，構造物中に占める対象部材の役割，耐震設計において，部材のせん断破壊や圧縮破壊を避ける等の設計における配慮から判断される。

　荷重係数 γ_f は，各限界状態によって異なる値を採るべきものである。終局限界状態における荷重の特性値を定める際に，荷重の最大値がその特性値を越える可能性を多少は許しているので，それをカバーするために，荷重係数を用いる必要がある。一般には，1.0〜1.2程度の値を採れば十分である。

　疲労限界状態は，多数の繰返し荷重を対象とするので，まれにわずかに大きい荷重が作用することの影響はあまり大きくない。したがって，荷重係数は，一般に 1.0 としてよいのである。

　構造解析係数 γ_a は，構造物に荷重が作用した時の部材各断面に生じる断面力，応力，ひびわれ幅，あるいは部材のたわみ等を求める過程（構造解析）における不確実性をカバーするものである。構造解析において，部材は一般に線あるいは面として扱われる。実際には厚さを持っている部材を線あるいは面に置き換える時には，その長さを定める必要があり，はりやスラブのスパンの取り方，ラーメンの軸線の取り方などを示方書で定めている。不静定構造の解析には，各部材の剛性が必要である。鉄筋コンクリート部材においては，作用する断面力と変形とが比例しないので，各部材の剛性を，種々の荷重状態に対して，正確に求めることは実際上不可能に近い。それで，現在のところ，鉄筋コ

ンクリートの場合も，弾性体として構造解析が行われることが多い。このため，不静定構造における各部材断面に作用する断面力の算定等には，静定構造以上に不確実さが伴う。さらに，不静定構造の場合には，支承条件の影響が著しいので，支承条件の仮定，例えば，固定，連続などの仮定が，実際と異なる恐れがあること，支点の不等沈下などの仮定の不正確さの影響が大きいことなど，断面力の算定には，誤差が生じる機会が多い。したがって，これらのことを考慮するための安全係数，すなわち**構造解析係数** γ_a を設けるのが便利である。しかし，この係数をどの程度の値とすればよいかは，難しい問題である。現時点では，標準的な場合を 1.0 とし，特に必要と考えられる場合に 1.0 よりも大きい値を採るとするのがよいであろう。

構造物の重要度に応じて，ある限界状態に達する確率を変化させるには，**構造物係数** γ_i を用いる。構造物係数の決定には，構造物が限界状態に至った場合の社会に与える心理的影響や再建に要する費用等の経済的要因も考慮しなければならない。

表 4・1 安全係数の標準値（示方書）

		終局限界状態	疲労限界状態	使用限界状態
材料係数	γ_c	1.3 または 1.5		1.0
	γ_s	1.0*	1.05	1.0
部材係数	γ_b	1.15〜1.3	1.0〜1.1	1.0
荷重係数	γ_f	1.0〜1.2	1.0	1.0
構造解析係数	γ_a	1.0〜1.2	1.0	1.0
構造物係数	γ_i	1.0〜1.2	1.0〜1.1	1.0

＊ 構造用鋼材に対しては1.05

4・5 設計の手順

構造設計は，構造物の各部材の形状寸法と断面の鉄筋配置を，与えられた設計条件を満足するように決定することである。

4・5 設計の手順

　設計条件としては，使用材料の品質，設計荷重とその組合せ，設計で考えるべき限界状態および安全係数などがある。

　設計条件は，基本的にはその構造物の所有者により決められるものであるが，一般社会から独立した構造物はほとんどない。したがって，ある最低と考えられる条件は満足しなければならない。特に，土木構造物は公共性が強いため，設計者が異なっても，同程度の安全性を有する構造物が設計されるように，設計基準，示方書類が定められているのである。

　設計条件が与えられれば，構造物の各構成部材の断面形状寸法を仮定して，設計条件で示された種々の限界状態に対する検討を行い，その安全性を確認する。この場合，構造物の基本形状寸法，例えば橋梁であれば，スパン長，幅員構成，橋面の高さ等，トンネルであれば内空寸法，防波堤ではその設置位置，天端高さ等は，通常，構造解析の前段階において決定されている。したがって，この基本形状を満足するように，各構成部材の断面形状寸法を仮定しなければならない。

　安全性に対する検討の結果，設計条件を満足しない場合には，再度形状寸法を仮定し直して検討を行う。各限界状態に対する検討の手順については後述するが，共通の部分について要点を述べる。

　各限界状態の検討において，検討に必要な**設計荷重を計算**する。設計荷重とは，各々の限界状態に対応する荷重の特性値に荷重係数を乗じた値であり，設計荷重の計算においては荷重の組合せを考慮する。

　設計荷重が構造物に作用した時に，構造物の各部材に生じる断面力，変形を求める場合には，必ず**解析モデル**を設定する。この場合に，はり，スラブ，柱，壁，ラーメン，アーチ，シェル，などの1種類のモデル化の場合と，これらの組合せによるモデル化の場合とがある。この構造解析モデルの相違によって，求まる断面力あるいは変位は大きく異なることもあるので，適正なモデル化を行う必要がある。また，モデル化に当たっては，境界条件が必要になるが，できるだけ現実的なものを設定しなければならない。

この解析モデルの設定は，構造物の設計において非常に重要な部分であり，モデル化に当たっては，構造物の形状，支持条件，荷重の分布状態を考慮すると共に，これらのモデル化のために，計算上現れなくなる局部的な応力に，注意を払う必要がある。

解析モデルに，荷重の組合せを考慮した設計荷重を作用させ，部材に生じる断面力や変形を計算する際には，通常，**線形解析**によっている。線形解析とは，部材の剛性が荷重レベルにかかわらず一定として，解析するものであり，これに対し，荷重レベルにより部材の剛性が変化することを考慮した解析を，**非線形解析**と呼ぶ。また，基準等の規定に構造解析に関する条項がある場合には，それに従う必要がある。

最近は，電子計算機の普及により，このステップは徐々にブラックボックス的になりつつあるが，基本的な問題に対する断面力の発生パターンについては理解しておくことが必要である。

構造細目が，基準・示方書において規定されているが，これは構造物がその機能を発揮できるように規定されたもので，鉄筋量，鉄筋の間隔，鉄筋の形状および配置，鉄筋の曲げ形状，かぶり，用心鉄筋等に関するものがある。これらの構造細目が守られないと，構造計算により断面の形状寸法，鉄筋量等が決められても，設計で意図した機能が付与されないことがある。

鉄筋の配置を仮定するに当たっては，鉄筋の水平間隔，鉛直間隔，鉄筋のかぶりなどを，構造細目を満足するようにしておく必要があると同時に，鉄筋径の選定，鉄筋の組立てやすさ，コンクリートの締固めのしやすさ等についての配慮が必要になる。この配慮は，耐久的なコンクリート構造物を造る上で，非常に重要なことであり，設計において十分に検討する必要がある。

設計条件で設定された限界状態に対する安全性の照査の結果，安全性が確保されていれば，設計は終了する。

5 章

断面の曲げ耐力

5・1 基 本 仮 定

断面に曲げモーメントMが作用する場合，圧縮力 C' はコンクリートで受け，引張力 T は鉄筋で受け持つのが，鉄筋コンクリートにおける基本の考え方である（図 5・1 参照）。この引張力を負担する鉄筋を**引張鉄筋**という。

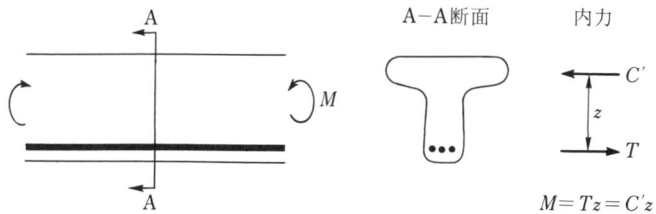

図 5・1 曲げモーメントに対する抵抗機構

コンクリートに作用する引張応力は，一般に無視される。したがって，曲げモーメントに対しては，圧縮側のコンクリートと引張側の鉄筋とがあればよいことになる。すなわち，合理的な断面はT形である。なお，種々の理由によって，圧縮側にも鉄筋が配置されることがある。圧縮側に配置され，圧縮応力を受ける鉄筋を**圧縮鉄筋**という。断面内に，引張鉄筋のみを有する断面を**単鉄筋**断面，引張鉄筋のほかに圧縮鉄筋をも有する断面を**複鉄筋**断面という。

鉄筋コンクリート断面が曲げモーメントの作用によって破壊する場合，最終

的には圧縮側のコンクリートが必ず破壊する。破壊時には，引張鉄筋は降伏しているのが通常の場合である。鉄筋量が極端に少なくない限り，鉄筋コンクリートにおいては，鉄筋が破断することはないからである。引張鉄筋が降伏し，そのひずみが塑性域にある限り，鉄筋の応力は増加しないので，それに釣り合っている圧縮力も増加しない。**抵抗曲げモーメント**は，引張力または圧縮力と**アーム長** z との積で表されるが，アーム長の変化はごくわずかなものである。したがって，鉄筋降伏後の抵抗モーメントの変化は極めて小さい。しかし，ひずみの増加は大きく，変形は大きい。引張鉄筋のひずみがひずみ硬化域に入ると，再び引張鉄筋の応力が増加し始めるが，設計ではその効果を一般に無視している。コンクリートの圧縮縁ひずみがその終局ひずみ ε'_u に達すると，抵抗曲げモーメントの減少が始まり，破壊に至る。このタイプの破壊は**曲げ引張破壊**といわれており，鉄筋が降伏し，じん性が大きいのが特徴である。

一方，引張鉄筋の量が著しく大きい場合には，鉄筋が降伏する前に，圧縮側のコンクリートが破壊することがある。この場合には，破壊までの変形量が小さく，ぜい性破壊となる。このタイプの破壊は，**曲げ圧縮破壊**といわれており，鉄筋が降伏する曲げ引張破壊とは区別されている。

いずれの場合においても，断面の最大曲げ耐力は，コンクリートの圧縮縁ひずみが終局ひずみ ε'_u に達した時であると考えてよいことになる。そして，断面耐力の算定には，従来から次の仮定が用いられている。

断面耐力算定に用いる仮定

(1) 縦ひずみは，断面の中立軸からの距離に比例する。
(2) 鉄筋のひずみは，その位置のコンクリートのひずみに一致する。
(3) コンクリートの引張応力は，これを無視する。
(4) コンクリートの応力－ひずみ曲線および鉄筋の応力－ひずみ曲線は，適切なものとする。示方書では，設計断面耐力の算定に対して，図 5・2 を仮定している。

$$\sigma'_{cd} = 0.85 f'_{cd} \left\{ \left(\frac{2\varepsilon'_c}{\varepsilon'_o} \right) - \left(\frac{\varepsilon'_c}{\varepsilon'_o} \right)^2 \right\}$$

$\varepsilon'_o = 0.2\%$　$\varepsilon'_u = 0.35\%$

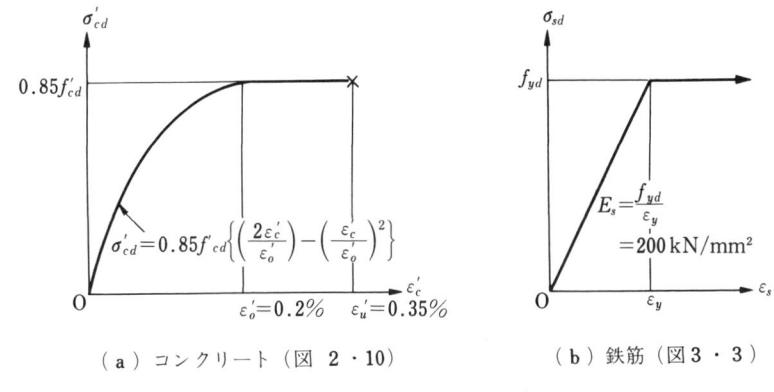

（a）コンクリート（図 2・10）

$E_s = \dfrac{f_{yd}}{\varepsilon_y} = 200\,\mathrm{kN/mm^2}$

（b）鉄筋（図 3・3）

図 5・2 設計用の応力 - ひずみ曲線

5・2　等価応力ブロック

　断面の抵抗曲げモーメントが最大となる時，コンクリートに作用する圧縮応力の分布は，その応力 - ひずみ曲線と似た形となる。これは，断面内の維ひずみが，仮定(1)のように，中立軸からの距離に比例すると考えると導かれるものである。図 5・3 に中立軸から圧縮縁までの圧縮応力の分布の例を示す。この

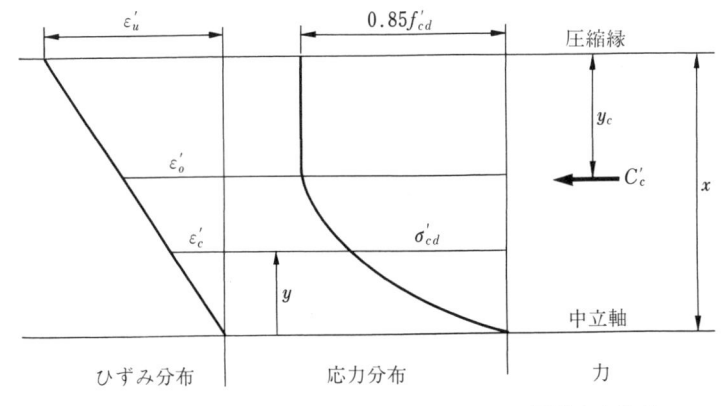

ひずみ分布　　応力分布　　力

図 5・3 曲げ破壊時におけるコンクリートの圧縮応力分布

例は，コンクリートの応力-ひずみ曲線として，示方書に採用されている図5・2(a)に示したものを用いた例である。

断面が矩形の場合には，コンクリートに作用する圧縮合力の大きさ C_c' とその作用位置（圧縮縁からの距離 y_c）は以下のようにして簡単に求まる（図5・3参照）

$$C_c' = \int_0^x b\,\sigma_{cd}' dy \tag{5・1}$$

ここに，b は断面の幅，x は圧縮縁から中立軸までの距離である。

中立軸からの距離 y とその位置でのコンクリートの圧縮ひずみ ε_c' との関係は次式で表される。

$$y/x = \varepsilon_c'/\varepsilon_u' \tag{5・2}$$

$$\therefore\quad dy = (x/\varepsilon_u')\,d\varepsilon_c' \tag{5・3}$$

断面が矩形の場合は，b が一定であるので，式 (5・3) を式 (5・1) に代入すると，

$$C_c' = b\int_0^{\varepsilon_u'} \sigma_{cd}'(x/\varepsilon_u')\,d\varepsilon_c' \tag{5・4}$$

この式に，図5・2(a)の応力-ひずみ関係を代入すると，

$$C_c' = 0.85 f_{cd}' b(x/\varepsilon_u') \left[\int_0^{\varepsilon_o'} \{(2\varepsilon_c'/\varepsilon_o') - (\varepsilon_c'/\varepsilon_o')^2\}d\varepsilon_c' + \int_{\varepsilon_o'}^{\varepsilon_u'} d\varepsilon_c'\right]$$

$$= 0.85 f_{cd}' b(x/\varepsilon_u')\{(\varepsilon_o' - \varepsilon_o'/3) + (\varepsilon_u' - \varepsilon_o')\}$$

この式に，$\varepsilon_o' = 0.002$ および $\varepsilon_u' = 0.0035$ を代入して，整理すると，

$$\boldsymbol{C_c' = 0.688 f_{cd}' bx} \tag{5・5}$$

となる。圧縮縁からコンクリートに作用する圧縮合力の中心位置までの距離 y_c は次のように求まる。中立軸に関する1次モーメントは，

$$(x - y_c)C_c' = b\int_0^x \sigma_{cd}' y\,dy \tag{5・6}$$

ここに，代入すると，

$$(x-y_c)C'_c = 0.688 f'_{cd} bx (x-y_c) \tag{5・7}$$

$$\int_0^x b\sigma'_{cd} y\, dy = b\int_0^{\varepsilon'_u} \sigma'_{cd}(x/\varepsilon'_u)^2 \varepsilon'_c d\varepsilon'_c \tag{5・8}$$

この式に,図 5・2(a) の関係を代入して,積分すると,

$$\int_0^x b\sigma'_{cd} y\, dy = 0.85 \times 0.473 f'_{cd} bx^2 \tag{5・9}$$

となる。式 (5・7) および式 (5・9) を式 (5・6) に代入すると,

$$x - y_c = (0.85 \times 0.473/0.688)x$$

$$\therefore\ y_c = 0.416x \tag{5・10}$$

となる。

　断面耐力の計算においては,コンクリートに作用する圧縮力の合力とその作用位置が等しいものであれば,どのような応力分布を仮定しても同じ結果を与える。設計計算には最も簡単な形である矩形の**等価応力ブロック**が用いられる。図 5・4(a) の矩形応力ブロックは,断面が矩形の場合には,式 (5・5) および式 (5・10) から分かるように,図 5・2(a) の応力ブロックと合力の大きさとその作用位置とが共に一致するので,全く等価なものである。図 5・4(b) は従来から用いられている有名な応力ブロックであって,示方書で図 5・2(a) の代わ

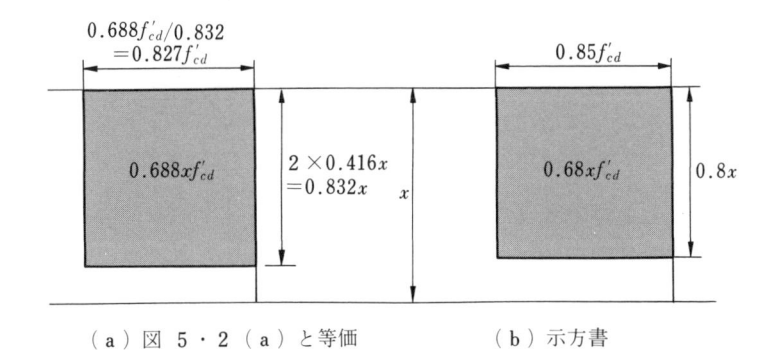

(a) 図 5・2 (a) と等価　　　　　(b) 示方書

図 5・4　等価応力ブロック

りに用いてよいとされているものである。図 5・4(a) と図 5・4(b) の矩形ブロックはほぼ同じであると認められよう。これらの矩形応力ブロックを，矩形以外の断面に用いて耐力を計算しても，より実際に近い応力-ひずみ曲線を用いた値との相違は一般に少ないので，設計にはこの簡単な矩形の応力ブロックが広く用いられている。

5・3　単鉄筋矩形断面の曲げ耐力

曲げ引張破壊の場合，鉄筋が降伏しているので，断面内の力の釣合いを考えれば，比較的簡単に曲げ耐力が求められる。特に，単鉄筋矩形断面の場合には，以下に述べるように極めて簡単である（図 5・5 参照）。

設計曲げ耐力 M_{ud} は式（5・11）で表される。

$$M_{ud} = Tz/\gamma_b \tag{5・11}$$

ここに，

$$T = A_s f_{yd} \tag{5・12}$$

$$z = d - y_c \tag{5・13}$$

断面に作用する引張力 T と圧縮力 C' が等しいことを利用して，圧縮縁から

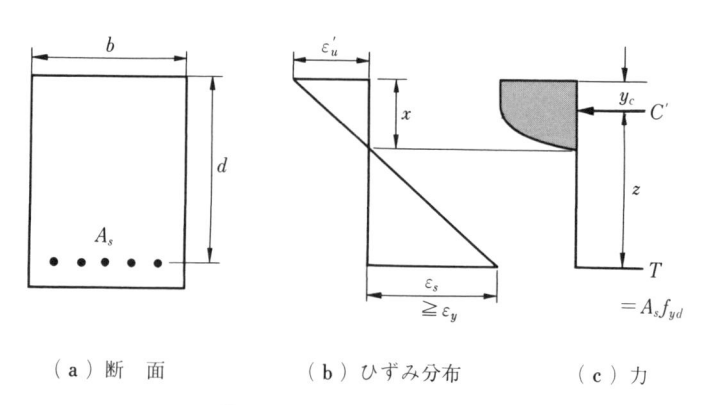

（a）断　面　　　　（b）ひずみ分布　　　　（c）力

図 5・5　曲げ引張破壊

圧縮合力の作用点までの距離 y_c を求めることができ，アーム長 z を求めることができる。圧縮力 C' は，単鉄筋断面の場合には，コンクリートの圧縮合力 C_c' に等しく，図 5・4(a) の等価応力ブロックを用いると，矩形断面の場合には，

$$C_c' = 0.827 f_{cd}' b (2y_c)$$

したがって，

$T = C_c'$ より，

$$A_s f_{yd} = 2 \times 0.827 f_{cd}' b y_c$$

$\therefore \quad y_c = A_s f_{yd} / (2 \times 0.827 b f_{cd}')$

$$= 0.60 \, p d f_{yd} / f_{cd}' \tag{5・14}$$

となる。

ここに，

$$p = A_s/(bd) \tag{5・15}$$

以上の結果をまとめて書くと，次のようになる。

設計曲げ引張耐力

$$M_{ud} = Tz/\gamma_b \tag{5・11}$$

ここに，

$$T = A_s f_{yd} \tag{5・12}$$

$$z = d - y_c \tag{5・13}$$

$$y_c/d = 0.60 \, p f_{yd} / f_{cd}' \tag{5・14}$$

$$p = A_s/(bd) \tag{5・15}$$

なお，示方書の応力ブロックを用いると，式 (5・14) における 0.60 が 0.59 となるだけであって，その差は極めて小さいのである。

曲げ引張破壊の場合における断面の曲げ耐力 M_{ud} に最も大きい影響を及ぼす要因は，引張鉄筋の断面積 A_s と降伏強度 f_{yd} および断面の有効高さ d である。曲げ耐力はこれらの要因にほぼ比例するのである。引張鉄筋の断面積や降伏点

強度が大きくなるとアーム長が幾分小さくなるが，その影響は式 (5・14) に示すように非常に小さいからである。また，コンクリート強度 f'_{ca} が大きくなると，わずかにアーム長が大きくなるが，その影響は一般に無視できる大きさに過ぎない。すなわち，曲げ引張耐力には，よほど鉄筋比が大きくない限り，コンクリート強度はほとんど影響を与えないといってよいのである。いいかえれば，曲げ耐力は鉄筋の降伏強度と断面積および断面の有効高さで決まるといってよい。圧縮鉄筋がある場合においても，曲げ引張破壊の場合には，曲げ耐力に及ぼす圧縮鉄筋の影響は小さく，これを無視して計算するのは安全側の結果を与える。したがって，通常の設計においては，圧縮鉄筋を無視して，式 (5・11)〜(5・15) によって計算を行ってよい。

T形断面のはりの場合でも，中立軸の位置がフランジ内にあれば，矩形断面の場合と全く同じ計算となる。また，中立軸がウエブ内にある場合においても，曲げ引張破壊の場合には，矩形断面として計算してもT形断面として計算しても，圧縮合力の作用位置はほとんど変わらないので，通常の設計においては，フランジ幅と等しい幅の矩形断面として，断面耐力を計算してもよいのである。

5・4 釣合鉄筋比

引張鉄筋比が極端に大きくなると，鉄筋が降伏せずに，圧縮側のコンクリートが破壊するようになる。曲げ引張破壊から曲げ圧縮破壊に移行する境目の鉄筋比を**釣合鉄筋比** p_b と呼んでいる。すなわち，鉄筋比が釣合鉄筋比より小さければ，その断面は曲げ引張破壊であり，釣合鉄筋比より大きければ，曲げ圧縮破壊である。釣合鉄筋比の断面では，圧縮側コンクリートのひずみが，終局ひずみ ε'_u となると同時に，引張鉄筋のひずみが，降伏ひずみ ε_y となるのである。

単鉄筋矩形断面の場合には，図 5・6 を参照して，力の釣合条件より，
$$A_s f_{yd} = 0.68\,bx f'_{ca}$$

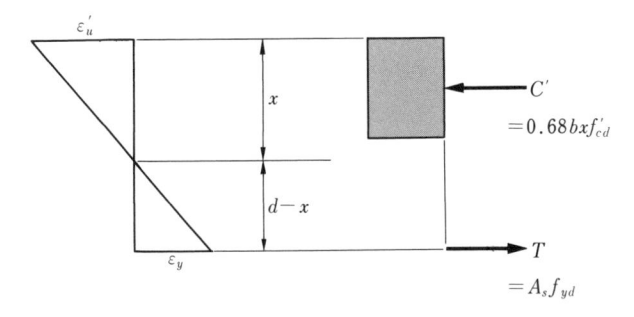

(a) ひずみ分布　　(b) 力の釣合い（図5・4(b)参照）

図 5・6　釣合破壊（単鉄筋矩形断面）

$$\therefore \quad x = (A_s f_{yd})/(0.68\, b f'_{cd})$$
$$= (p_b f_{yd} d)/(0.68\, f'_{cd}) \tag{5・16}$$

一方, ひずみの適合条件より,

$$x/d = \varepsilon'_u/(\varepsilon'_u + \varepsilon_y)$$
$$\therefore \quad x = (\varepsilon'_u d)/(\varepsilon'_u + \varepsilon_y) \tag{5・17}$$

式 (5・16) と式 (5・17) より,

$$(p_b f_{yd} d)/(0.68\, f'_{cd}) = (\varepsilon'_u d)/(\varepsilon'_u + \varepsilon_y)$$

したがって,

釣合鉄筋比

$$p_b = \frac{0.68\, f'_{cd}}{f_{yd}(1 + \varepsilon_y/\varepsilon'_u)} \tag{5・18}$$

ここに,

$$\varepsilon_y = f_{yd}/E_s$$

ε'_u : 一般に, 0.0035 としてよい

5・5　任意断面の曲げ耐力

単鉄筋矩形断面が曲げ引張破壊する場合は，力の釣合条件式から直接アーム長が求まるので，曲げ耐力の計算は簡単である。しかし，任意断面について，曲げ耐力を計算するのはそれほど簡単ではない。アーム長を求めるには，一般に，力の釣合条件と共に，ひずみの適合条件をも用いる必要がある。また，引張鉄筋や圧縮鉄筋が降伏しているかどうかを確かめる必要もある。

図 5・7 は，任意断面における力の釣合いとひずみの適合条件を示している。この図を参考にして，以下に曲げ耐力を計算する手順を示す。

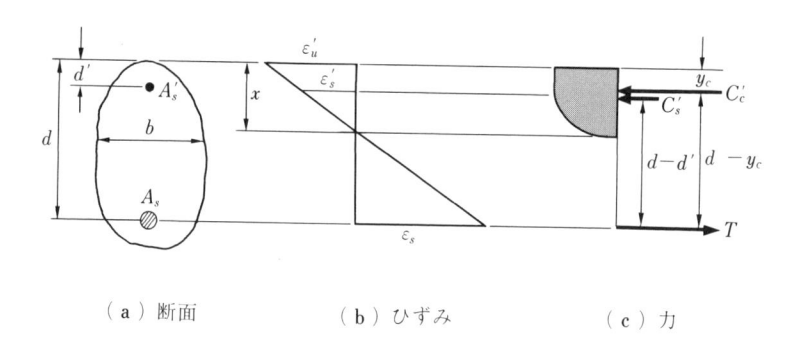

（a）断面　　　（b）ひずみ　　　（c）力

図 5・7　任意断面における力の釣合いとひずみ分布

(1) コンクリートに作用する圧縮力の合力 C_c' は，

$$C_c' = \int_0^x b\sigma_{cd}' dy \qquad (5・19)$$

であり，応力－ひずみの関係を利用して積分すると，C_c' は x の関数として表される。

(2) $\varepsilon_s' \geqq \varepsilon_y'$ と仮定すると，圧縮鉄筋に作用する圧縮力 C_s' は，

$$C_s' = A_s' f_{yd}' \qquad (5・20)$$

(3) $\varepsilon_s \geqq \varepsilon_y$ と仮定すると，引張鉄筋の引張力 T は，

$$T = A_s f_{yd} \tag{5・21}$$

(4) (1), (2), (3)を力の釣合条件式

$$C_c' + C_s' = T \tag{5・22}$$

に代入して，x に関する方程式を解くと，x が求まる．

(5) ひずみの適合条件式

$$\varepsilon_s' = \varepsilon_u'(x-d')/x \tag{5・23}$$

$$\varepsilon_s = \varepsilon_u'(d-x)/x \tag{5・24}$$

に x を代入して，ε_s' および ε_s が仮定した条件を満足しているかどうかを検討する．いずれをも満足していれば，次のステップに進む．しかし，ε_s' または ε_s が仮定した条件を満足していない場合には，

$\varepsilon_s' < \varepsilon_y'$ の場合：

$$C_s' = A_s' E_s \varepsilon_u'(x-d')/x \tag{5・25}$$

$\varepsilon_s < \varepsilon_y$ の場合：

$$T = A_s E_s \varepsilon_u'(d-x)/x \tag{5・26}$$

として，(4)に戻る．

(6) 中立軸に関するコンクリート応力の1次モーメントは，

$$C_c'(x-y_c) = \int_0^x b\sigma_{cd}' y \cdot dy \tag{5・27}$$

であり，応力-ひずみ関係を利用して，右辺を積分し，コンクリート圧縮合力の作用位置から圧縮縁までの距離 y_c を求める．

(7) 曲げ耐力 M_{ud} は式 (5・28) で求まるのである．

$$M_{ud} = \{C_c'(d-y_c) + C_s'(d-d')\}/\gamma_b \tag{5・28}$$

〔例題 5・1〕

単鉄筋矩形断面（$b = 1\,000$ mm, $d = 400$ mm, $A_s = 1\,940$ mm^2）の設計曲げ耐力 M_{ud}（曲げ引張破壊）を求めよ。

ただし，材料の力学的性質および安全係数は以下のとおりとする。

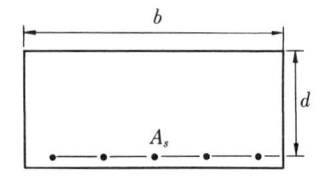

コンクリートの設計基準強度

$\quad : f'_{ck} = 30$ N/mm^2

鉄筋の降伏強度（特性値）: $f_{yk} = 345$ N/mm^2

安全係数: $\gamma_c = 1.3$, $\gamma_s = 1.0$, $\gamma_b = 1.15$

例題 5・1 図

〔解〕

材料の設計強度は特性値を材料係数で除して求めるので，

$f'_{cd} = f'_{ck}/\gamma_c = 30/1.3 = 23.1$ N/mm^2

$f_{yd} = f_{yk}/\gamma_s = 345/1.0 = 345$ N/mm^2

図 5・4(b) の矩形応力ブロックを用いると，コンクリートの圧縮力 C'_c は，

$C'_c = 0.85 f'_{cd} b (2y_c) = 1.70 f'_{cd} b y_c$

曲げ引張破壊の場合は，鉄筋が降伏しているので，引張鉄筋の引張力 T は，

$T = A_s f_{yd}$

C'_c と T とは，釣り合っているので，

$\quad 1.70 f'_{cd} b y_c = A_s f_{yd}$

$\quad \therefore \quad y_c = (A_s f_{yd})/(1.70 f'_{cd} b)$

$\qquad = (1\,940 \times 345)/(1.70 \times 23.1 \times 1\,000) = \mathbf{17.0}$ **mm**

$\quad \therefore \quad M_{ud} = A_s f_{yd} (d - y_c)/\gamma_b$

$\qquad = 1\,940 \times 345 \times (400 - 17.0)/1.15 = 223 \times 10^6$ N・mm $= \mathbf{223}$ **kN・m**

式 (5・11)〜式 (5・15) を用いると，

$p = A_s/(bd) = 1\,940/(1\,000 \times 400) = 0.00485$

$y_c/d = 0.60 p f_{yd}/f'_{cd} = 0.60 \times 0.00485 \times 345/23.1 = 0.043$

$\quad M_{ud} = A_s f_{yd} (1 - y_c/d)/\gamma_b$

$\qquad = 1\,940 \times 345 \times 400 \times (1 - 0.043)/1.15 = 223 \times 10^6$ N・mm $= \mathbf{223}$ **kN・m**

となり，全く一致する。

〔**例題 5・2**〕

単鉄筋 T 形断面 ($b = 1\,000$ mm, $t = 100$ mm, $d = 400$ mm, $b_w = 200$ mm, $A_s = 1\,940$ mm^2) の設計曲げ耐力 M_{ud} を求めよ。材料の力学的性質および安全係数は例題 5・1 と同じとする。

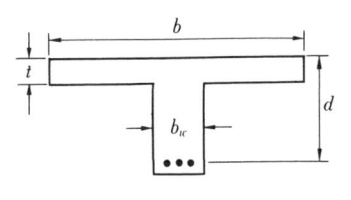

ただし，
コンクリートの圧縮終局ひずみ $\varepsilon'_u = 0.0035$，
鉄筋のヤング係数 $E_s = 200$ kN/mm^2

とする。

例題 5・2 図

〔**解**〕

中立軸がフランジ内にあると仮定する ($x \leq t$)。

図 5・4(b) の矩形の応力ブロックを用いると，コンクリートの圧縮合力 C' は，

$$C'_c = 0.85 f'_{cd} b \times 0.8 x$$

引張鉄筋は降伏すると仮定する ($\varepsilon_s \geq \varepsilon_y$) と，鉄筋の引張力 T は，

$$T = A_s f_{yd}$$

C'_c と T とは等しいので，

$$0.68 f'_{cd} bx = A_s f_{yd}$$

$$\therefore\ x = (A_s f_{yd}) / (0.68 f'_{cd} b)$$
$$= (1\,940 \times 345) / (0.68 \times 23.1 \times 1\,000) = 42.6\ \text{mm}$$

フランジの厚さ t は 10 cm であるので，$x < t$ であって，中立軸は仮定どおりフランジ内にある。また，引張鉄筋のひずみ ε_s は，

$$\varepsilon_s = \varepsilon'_u (d-x)/x$$
$$= 0.0035 \times (400-42.6)/42.6 = 0.029\,4$$

$$\varepsilon_y = f_{yd}/E_s = 345/200\,000 = 0.001\,73 < \varepsilon_s = 0.029\,4$$

であって，引張鉄筋は仮定どおり降伏している。したがって，設計曲げ耐力 M_{ud} は，部材幅が b の矩形断面の場合と一致し，

$$M_{ud} = A_s f_{yd}(d - y_c)/\gamma_b$$

ここに，$y_c = 0.4 x$

$$\therefore\ M_{ud} = 1\,940 \times 345 \times (400 - 0.4 \times 42.6)/1.15 = 223 \times 10^6\ \text{N·mm}$$
$$= 223\ \text{kN·m}$$

[例題 5・3]

単鉄筋 T 形断面 ($b = 1\,000$ mm, $t = 100$ mm, $d = 400$ mm, $b_w = 200$ mm, $A_s = 6\,350$ mm^2) の設計曲げ耐力 M_{ud} を求めよ。材料の力学的性質および安全係数は例題 5・2 と同じとする。

[解]

中立軸がフランジ内にあると仮定し ($x \leqq t$),図 5・4(b) の矩形の応力ブロックを用いると,コンクリートの圧縮合力 C'_c は,

$$C'_c = 0.85 f'_{cd} b(0.8\,x) = 0.68 f'_{cd} bx$$

引張鉄筋は降伏すると仮定する ($\varepsilon_s \geqq \varepsilon_y$) と,鉄筋の引張力 T は,

$$T = A_s f_{yd}$$

C'_c と T とは等しいので,

$$0.68 f'_{cd} bx = A_s f_{yd}$$

$$\therefore \quad x = (A_s f_{yd})/(0.68 f'_{cd} b)$$

$$= (6\,350 \times 345)/(0.68 \times 23.1 \times 1\,000)$$

$$= 139 \text{ mm}$$

フランジの厚さ t は 100 mm であるので,$x > t$ であって,中立軸は仮定と異なり,フランジ内にはない。したがって,コンクリートの圧縮合力 C'_c は,次図を参照して,

$$C'_c = 0.85 f'_{cd} \{bt + b_w(0.8\,x - t)\}$$

$$\therefore \quad 0.85 f'_{cd} \{bt + b_w(0.8\,x - t)\} = A_s f_{yd}$$

$$\therefore \quad x = [\{(A_s f_{yd})/(0.85 f'_{cd}) - bt\}/b_w + t]/0.8$$

$$= [\{6\,350 \times 345/(0.85 \times 23.1) - 1\,000 \times 100\}/200 + 100]/0.8$$

$$= 197 \text{ mm}$$

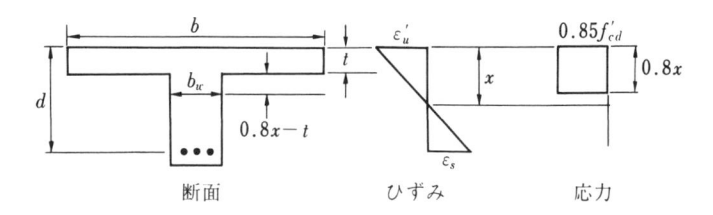

例題 5・3 図

引張鉄筋のひずみ ε_s は,

$$\varepsilon_s = \varepsilon'_u(d - x)/x$$

$$= 0.003\,5(400 - 197)/197 = 0.003\,61 > \varepsilon_y = 0.001\,73$$

であって，引張鉄筋は仮定どおり降伏している．

次に，コンクリートの圧縮合力の作用点から圧縮縁までの距離 y_c を求める．中立軸に関する1次モーメントから，

$$y_c = x - \frac{0.85 f'_{cd}\{bt(x-t/2) + b_w(0.8x-t)(0.6x-t/2)\}}{C'_c}$$

$$= x - \frac{19.635\{100\,000(197-50) + 200(157.6-100)(118.2-50)\}}{19.635\{100\,000 + 200(157.6-100)\}}$$

$$= 197 - 139$$

$$= 58 \text{ mm}$$

したがって，設計曲げ耐力 M_{ud} は，

$$M_{ud} = A_s f_{yd}(d - y_c)/\gamma_b$$

$$= 6\,350 \times 345 \times (400 - 58)/1.15 = 652 \times 10^6 \text{ N·mm}$$

$$= 652 \text{ kN·m}$$

以上の計算は，ウエブの影響を考慮した場合であるが，次に，ウエブの影響を無視して，フランジの幅を持つ矩形断面として，計算してみる．

$x = 139$ mm

$y_c = 0.4\,x = 0.4 \times 139 = 55.6$ mm

であるので，

$$M_{ud} = A_s f_{yd}(d - y_c)/\gamma_b$$

$$= 6\,350 \times 345 \times (400 - 55.6)/1.15 = 656 \times 10^6 \text{ N·mm}$$

$$= 656 \text{ kN·m}$$

であって，その差は極めて小さいのである．

〔例題 5・4〕
単鉄筋矩形断面（$b = 1\,000$ mm, $d = 400$ mm, $A_s = 13\,400$ mm^2）の設計曲げ耐力 M_{ud} を求めよ．ただし，材料の力学的性質および安全係数は例題 5・2 と同じとする．

〔解〕
単鉄筋矩形断面であるので，引張鉄筋が降伏しているかどうかは，その鉄筋比 p を釣合鉄筋比 p_b と比較すれば分かる．釣合鉄筋比 p_b は，式（5・18）より，

$$p_b = \{0.68/(1+\varepsilon_y/\varepsilon_u')\}/(f_{cd}'/f_{yd})$$
$$= \{0.68/(1+0.001\,73/0.003\,5)\}(23.1/345) = \mathbf{0.030\,5}$$
$$p = A_s/(bd) = 13\,400/(1\,000 \times 400) = 0.033\,5 > 0.030\,5 = p_b$$

であるので，引張鉄筋が降伏しない曲げ圧縮破壊である．

図 5・4(b) の矩形の応力ブロックを用いると，コンクリートの圧縮合力 C_c' は，
$$C_c' = 0.68 f_{cd}' bx$$

曲げ圧縮破壊の場合は，鉄筋が降伏していないので，引張鉄筋の引張力 T は，
$$T = A_s E_s \varepsilon_u'(d-x)/x$$

C_c' と T とは，釣り合っているので，
$$0.68 f_{cd}' bx = A_s E_s \varepsilon_u'(d-x)/x$$
$$\therefore \quad 0.68 b f_{cd}' x^2 + A_s E_s \varepsilon_u' x - A_s E_s \varepsilon_u' d = 0$$

ここで，
$$B = (A_s E_s \varepsilon_u')/(bd f_{cd}') = (13\,400 \times 200\,000 \times 0.003\,5)/(1\,000 \times 400 \times 23.1) = 1.02$$

とおくと，
$$0.68 x^2 + Bdx - Bd^2 = 0$$
$$\therefore \quad x = \{-1+\sqrt{1+2.72/B}\} Bd/1.36$$
$$= \{-1+\sqrt{1+2.72/1.02}\} \times 1.02 \times 400/1.36 = \mathbf{274}\text{ mm}$$
$$\varepsilon_s = \varepsilon_u'(d-x)/x$$
$$= 0.003\,5(400-274)/274 = 0.001\,61 < 0.001\,73 = \varepsilon_y$$

であるから，確かに引張鉄筋は降伏していない．その引張力 T は，
$$T = A_s E_s \varepsilon_s$$
$$y_c = 0.4 x$$
$$\therefore \quad M_{ud} = T(d-y_c)/\gamma_b = A_s E_s \varepsilon_s (d - 0.4 x)/\gamma_b$$
$$= 13\,400 \times 200\,000 \times 0.001\,61(400 - 0.4 \times 274)/1.15$$
$$= 1\,090 \times 10^6 \text{ N·mm} = \mathbf{1\,090}\text{ kN·m}$$

〔**例題 5・5**〕
複鉄筋矩形断面（$b = 1\,000$ mm, $d = 400$ mm, $d' = 50$ mm, $A_s = 13\,400$ mm^2, $A_s' = 6\,700$ mm^2）の設計曲げ耐力 M_{ud} を求めよ。材料の力学的性質および安全係数は例題 5・2 と同じとする。

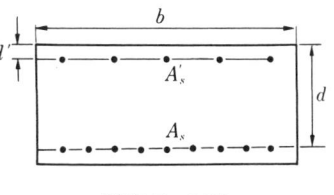

例題 5・5 図

〔**解**〕
図 5・4(b) の矩形の応力ブロックを用いると，コンクリートの圧縮合力 C_c' は，
$$C_c' = 0.68 f_{cd}' bx$$
圧縮鉄筋は降伏すると仮定する（$\varepsilon_s' \geqq \varepsilon_y'$）と，圧縮鉄筋の圧縮力 C_s' は，
$$C_s' = A_s' f_{yd}'$$
引張鉄筋も降伏すると仮定する（$\varepsilon_s \geqq \varepsilon_y$）と，鉄筋の引張力 T は，
$$T = A_s f_{yd}$$
$(C_c' + C_s')$ と T とは等しいので，
$$0.68 f_{cd}' bx + A_s' f_{yd} = A_s f_{yd}$$
$\therefore \quad x = (A_s f_{yd} - A_s' f_{yd}')/(0.68 f_{cd}' b)$
$\qquad = (13\,400 \times 345 - 6\,700 \times 345)/(0.68 \times 23.1 \times 1\,000)$
$\qquad = 147$ mm
$\therefore \quad \varepsilon_s = \varepsilon_u'(d - x)/x$
$\qquad = 0.003\,5(400 - 147)/147 = 0.006\,02 > 0.001\,73 = \varepsilon_y$
$\quad \varepsilon_s' = \varepsilon_u'(x - d')/x$
$\qquad = 0.003\,5(147 - 50)/147 = 0.002\,31 > 0.001\,73 = \varepsilon_y'$
引張鉄筋と圧縮鉄筋は共に，仮定したように，降伏しているので，
$C_c' = 0.68 f_{cd}' bx = 0.68 \times 23.1 \times 1\,000 \times 147$
$\qquad = 2.31 \times 10^6$ N
$C_s' = A_s' f_{yd}' = 6\,700 \times 345 = 2.31 \times 10^6$ N
$y_c = 0.4\,x = 0.4 \times 147 = 58.8$ mm
$\therefore \quad M_{ud} = \{C_c'(d - y_c) + C_s'(d - d')\}/\gamma_b$
$\qquad = \{2.31(400 - 58.8) + 2.31(400 - 50)\} \times 10^6/1.15$
$\qquad = 1\,390 \times 10^6$ N·mm
$\qquad = 1\,390$ kN·m

6 章

曲げと軸方向力に対する断面の耐力

6・1 一　　般

　断面に軸方向力が作用する場合には，その作用位置が問題となる。通常の棒部材の構造解析は部材厚さを0として軸線を用いて行われる。軸線の位置は断面の図心位置とするのが一般的であるが，断面の耐力を算定するに際しては，軸方向力の作用位置が明確になってさえいればよい。その軸方向力と曲げモーメントとが組み合さった場合にも，断面図心からある距離 e だけ離れた位置に，軸方向力のみが作用している場合に置き換えることができるからである。例えば，断面図心に軸方向圧縮力 N' が作用し，図心に対して曲げモーメント M が作用する場合には，偏心距離 $e=M/N'$ の位置に軸方向圧縮力 N' が作用する場合に置き換えることができる（図 6・1 参照）。したがって，曲げモーメントと軸方向力とを受ける断面の耐力を算定することは，偏心軸方向力を受ける断面の耐力を算定することに帰するのである。

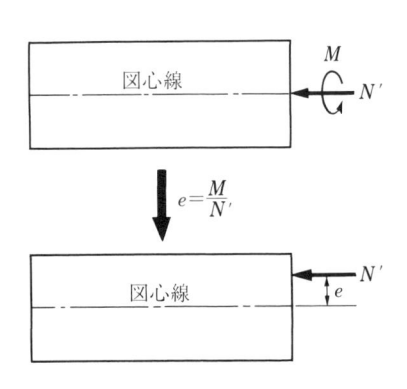

図 6・1 偏心軸方向力

6・2 軸方向圧縮力

特殊なケースとして、対称な断面の図心に、軸方向圧縮力が作用する場合を採り上げる。この場合には、断面は一様に圧縮変形し、コンクリートは一様な圧縮応力を受ける。したがって、コンクリートの受け持つ圧縮力 C_c' は、作用する圧縮応力 σ_c' とコンクリート断面積 A_c との積で表され、σ_c' はさらにそのひずみ ε_c' の関数 $f(\varepsilon_c')$ となる。また、鉄筋の受け持つ圧縮力 C_s' も、同様に、鉄筋の全断面積 A_{st} と鉄筋ひずみ (ε_s') の関数 $g(\varepsilon_s')$ であるその圧縮応力 σ_s' の積となる。

$$C_c' = A_c \sigma_c' = A_c f(\varepsilon_c')$$
$$C_s' = A_{st} \sigma_s' = A_{st} g(\varepsilon_s')$$

ここに、$\sigma_c' = f(\varepsilon_c')$,
$$\sigma_s' = g(\varepsilon_s')$$

作用する全圧縮力 N' は両者の和に等しく、コンクリートのひずみと鉄筋のひずみは断面のひずみ ε' に一致するので、

$$N' = C_c' + C_s'$$
$$= A_c f(\varepsilon') + A_{st} g(\varepsilon')$$

これらの関係を図示すると、図 6・2 のようになる。コンクリートの応力が最大となるひずみ ε_0' が鉄筋の圧縮降伏ひ

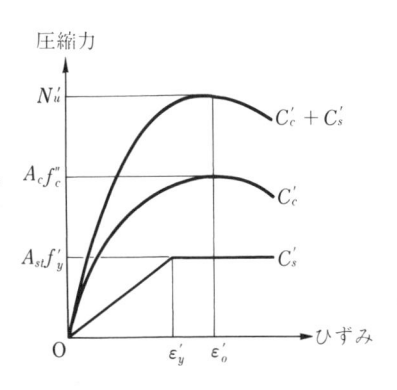

図 6・2 圧縮力とひずみ

ずみ ε_y' よりも大きければ、断面の最大耐力 N_u' は、コンクリート、鉄筋それぞれの受け持つ最大耐力の和となることは明らかである。すなわち、

$$N_u' = A_c f_c'' + A_{st} f_y'$$

ここに、

$$f_c'' = 0.85 f_c' \quad (2章参照)$$

通常の鉄筋コンクリートでは，この条件は一般に満足されており，満足されない場合でもその差は大きくないことが多い。したがって，軸方向圧縮力に対する断面の設計耐力は，一般に，次式で表される。

$$N'_{ud} = (0.85 A_c f'_{cd} + A_{st} f'_{yd})/\gamma_b \tag{6·1}$$

以上のことは，圧縮力を受ける鉄筋が座屈しないことを前提としている。コンクリート中の鉄筋は，かぶりコンクリートが健全な限り，座屈するおそれはない。一様な軸方向圧縮力を受ける部材は，破壊直前に至るまで外観はなんら変わりなく，破壊直前にかぶりコンクリートにひびわれが入り，最大耐力に達すると共に，かぶりコンクリートがはげ落ち，急激に耐力を失う。このようなぜい性破壊となることを防ぐために，**帯鉄筋**が用いられる。帯鉄筋は軸方向鉄筋をとり囲んで配置される鉄筋であって，かぶりコンクリートのはく落後の軸方向鉄筋の座屈

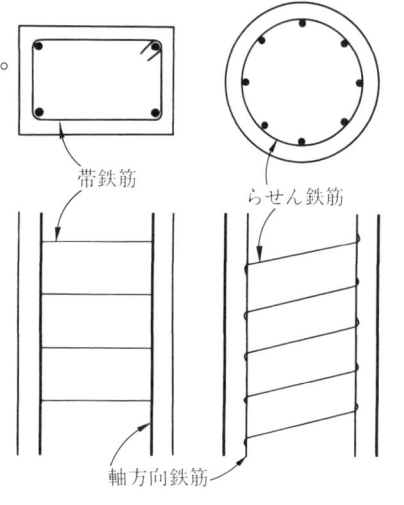

図 6·3 帯鉄筋とらせん鉄筋

を防ぐと共に，内部コンクリートを軸方向鉄筋と協力してとり囲み，3軸方向に拘束することによって，ぜい性破壊を防ぐ役割をするのである。この役割をさらに確かなものとするために，**らせん鉄筋**が用いられる。

6·3 相互作用図

軸方向圧縮力が，断面図心以外に作用する場合には，断面に生じる応力は一様にならず，軸方向力の断面図心からの偏心量 e が大きくなるに従って軸方向耐力は低下する。引張側の鉄筋ひずみは，偏心量が小さい場合には常に圧縮を

示すが，偏心量がある程度大きくなると，最初は圧縮ひずみであっても，破壊直前に引張ひずみを示すようになる．さらに偏心量が大きい場合には，最初から引張ひずみを示す．引張側の鉄筋が降伏するまでは，最大耐力時の軸方向力は低下するが，曲げモーメントは増加する．軸方向力を縦軸にとり，曲げモーメントを横軸にとった平面上に，破壊時の軸方向力と曲げモーメントとの関係を図示すると，図 6・4 のようになる．両者の関係図を**相互作用図**という．なお，この平面上では，原点を通る直線が偏心量一定を意味する．

偏心量が大きくなり，破壊時に引張側鉄筋のひずみがその降伏ひずみに達する点がA点である．この点を境にして偏心量が大きくなると，軸方向耐力と共に曲げ耐力も低下するようになる．A点の偏心量を**釣合偏心量**という．偏心量が釣合偏心量より小さければ，断面の破壊は圧縮破壊となる．偏心量が釣合偏心量よりも大きければ，引張側の鉄筋が降伏した後に破壊することになり，断面の破壊は引張破壊となるのである．

圧縮力 N'

$\varepsilon_s < \varepsilon_y$ （圧縮破壊）

e 増加

A

$\varepsilon_s = \varepsilon_y$ （釣合破壊）

$\varepsilon_s > \varepsilon_y$ （引張破壊）

曲げモーメント M

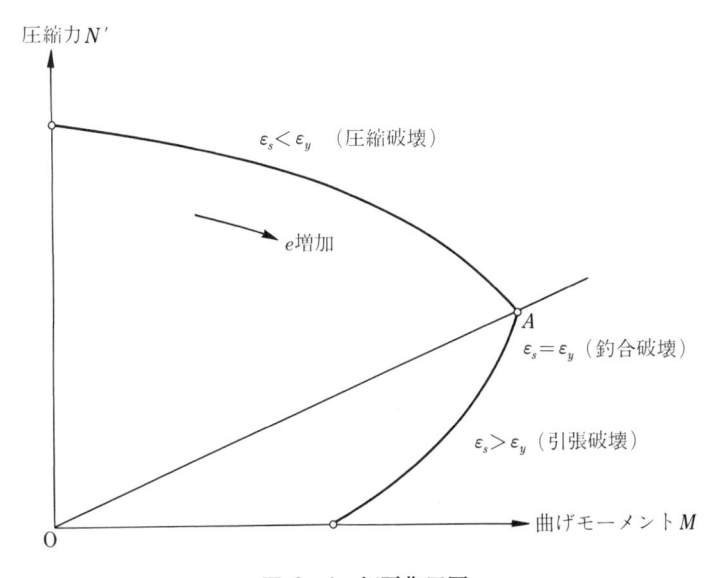

図 6・4 相互作用図

(a) 断面　　　(b) ひずみ　　　(c) 力

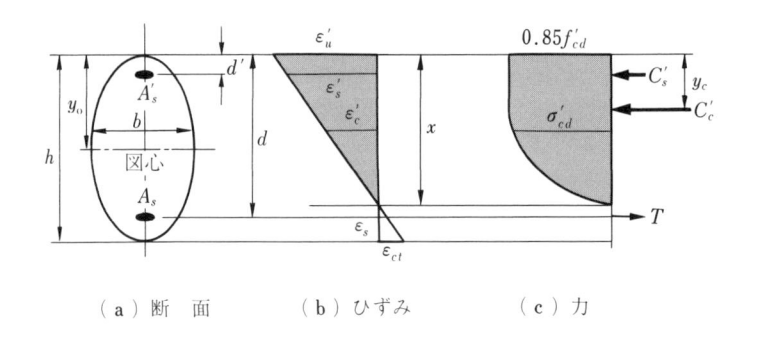

図 6・5　任意断面における力の釣合いとひずみ分布

偏心軸方向力に対する断面耐力は，相互作用図上の一点として与えられるが，これを求めるための仮定は，曲げ耐力の算定に用いる仮定と全く同じである。

また，任意断面の耐力を求める具体的な方法も，基本的には図 5・5 の方法と同じである。図 6・5 を参考にして，以下に設計偏心軸方向圧縮耐力 N'_{ud} を計算する手順を示す。

(1) $x \leq h$ を仮定すると，引張縁のコンクリートひずみ $\varepsilon_{ct} \geq 0$ となり，コンクリートに作用する圧縮力の合力 C'_c は，

$$C'_c = \int_0^x b\,\sigma'_{cd}\,dy \tag{6・2}$$

となる。

応力-ひずみ関係を利用して積分すると，C'_c は x の関数で表される。

また，圧縮縁から C'_c の作用位置までの距離 y_c も x の関数で表される。

(2) $\varepsilon'_s \geq \varepsilon'_y$ と仮定すると，圧縮鉄筋に作用する圧縮力 C'_s は，

$$C'_s = A'_s f'_{yd} \tag{6・3}$$

(3) $\varepsilon_s \geq \varepsilon_y$ と仮定すると，引張鉄筋に作用する引張力 T は，

$$T = A_s f_{yd} \tag{6・4}$$

(4) (1), (2), (3)を力の釣合条件式

$$N'_{ud} = (C'_c + C'_s - T)/\gamma_b \tag{6・5}$$

に代入すると，N'_{ud} は x の関数で表される。

(5) $N'_{ud} \cdot e = \{C'_c(y_o - y_c) + C'_s(y_o - d') + T(d - y_o)\}/\gamma_b$ (6・6)

であるので，(4)と(5)から N'_{ud} を消去して，x に関する方程式を解いて，x を求める。

(6) ひずみの適合条件式

$\varepsilon_{ct} = \varepsilon'_u (h-x)/x$ (6・7)

$\varepsilon'_s = \varepsilon'_u (x-d')/x$ (6・8)

$\varepsilon_s = \varepsilon'_u (d-x)/x$ (6・9)

に x を代入して，ε_{ct}，ε'_s および ε_s が仮定した条件を満足しているかどうかを検討する。満足していれば，式 (6・5) より，N'_{ud} が求まる。

ε_{ct}，ε'_s または，ε_s が仮定した条件を満足していない場合には，

$x > h\,(\varepsilon_{ct} < 0)$ の場合：$C'_c = \int_{x-h}^{x} b\,\sigma'_{cd}\,dy$ (6・10)

$\varepsilon'_s < \varepsilon'_y$ の場合：$C'_s = A'_s E_s \varepsilon'_u (x-d')/x$ (6・11)

$\varepsilon_s < \varepsilon_y$ の場合：$T = A_s E_s \varepsilon'_u (d-x)/x$ (6・12)

として，(4)に戻る。

〔**例題 6・1**〕

矩形断面（$b = 1\,000$ mm, $h = 450$ mm, $d = 400$ mm, $d' = 50$ mm, $A_s = 2\,000$ mm^2, $A_s' = 2\,000$ mm^2）の図心から 200 mm の位置に軸方向圧縮力が作用する場合（$e = 200$ mm）の設計耐力 N_{ud}' を求めよ。ただし、材料の力学的性質および安全係数は以下のとおりとする。

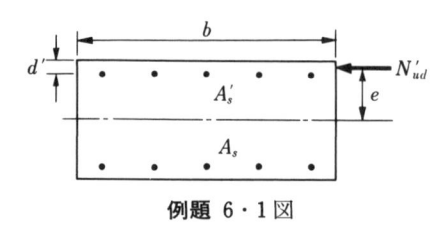

例題 6・1 図

$f_{ck}' = 30$ N/mm^2

$f_{yk} = f_{yk}' = 345$ N/mm^2

安全係数：$\gamma_c = 1.3$, $\gamma_s = 1.0$, $\gamma_b = 1.15$

〔**解**〕

$f_{cd}' = f_{ck}'/\gamma_c = 30/1.3 = 23.1$ N/mm^2

$f_{yd} = f_{yd}' = f_{yk}/\gamma_s = 345/1.0 = 345$ N/mm^2

$\varepsilon_y = \varepsilon_y' = f_{yd}/E_s = 345/(2.0 \times 10^5) = 0.001\,73$

図 5・4(b)の矩形応力ブロックを用いると、コンクリートの圧縮合力 C_c' は、

$C_c' = 0.85\,f_{cd}'\,b\,(0.8\,x) = 0.85 \times 23.1 \times 1\,000 \times 0.8\,x = 15\,710\,x$

また、

$y_c = 0.4\,x$

ただし、$x \leqq h$ と仮定している。

また、

$\varepsilon_s' \geqq \varepsilon_y'$, $\varepsilon_s \geqq \varepsilon_y$

と仮定すると、

$C_s' = A_s'\,f_{yd}' = 2\,000 \times 345 = 690\,000$ N

$T = A_s\,f_{yd} = 2\,000 \times 345 = 690\,000$ N

∴ $N_{ud}' = (15\,710\,x + 690\,000 - 690\,000)/1.15 = 13\,660\,x$

また、

$200 N_{ud}' = \{15\,710\,x\,(225 - 0.4\,x) + 690\,000\,(225 - 50) + 690\,000\,(400 - 225)\}/1.15$

∴ $N_{ud}' = 1\,050\,000 + 15\,370\,x - 27.3\,x^2$

∴ $1\,050\,000 + 15\,370\,x - 27.3\,x^2 = 13\,660\,x$

∴ $27.3\,x^2 - 1\,710\,x - 1\,050\,000 = 0$

$$x = \frac{1\,710 + \sqrt{1\,710^2 + 4 \times 1\,050\,000 \times 27.3}}{2 \times 27.3}$$

$= 230$ mm

$h = 450$ mm $> x = 230$ mm

$\varepsilon'_s = 0.003\,5(230-50)/230 = 0.002\,74 > 0.001\,73 = \varepsilon'_y$

$\varepsilon_s = 0.003\,5(400-230)/230 = 0.002\,59 > 0.001\,73 = \varepsilon_y$

であるので,仮定した条件をすべて満足している。したがって,

$N'_{ud} = 13\,660\,x = 3\,140\,000$ N

$= 3\,140$ kN

〔**例題 6・2**〕

例題 6・1 の断面における釣合偏心量を求めよ。

〔**解**〕

釣合破壊時におけるひずみの適合条件より,

$x = d\varepsilon'_u/(\varepsilon'_u + \varepsilon_y)$

$= 400 \times 0.003\,5/(0.003\,5 + 0.001\,73)$

$= 268$ mm

$\varepsilon'_s = \varepsilon'_u(x-d')/x$

$= 0.003\,5(268-50)/268 = 0.002\,85 > 0.001\,73 = \varepsilon'_y$

であるので,圧縮鉄筋も降伏している。したがって,例題 6・1 を参照して,

$N'_{ud} = 13\,660\,x$

$= 13\,660 \times 268 = 3\,661\,000$ N

$e_b N'_{ud} = 200(1\,050\,000 + 15\,370\,x - 27.3\,x^2)$

$= 641\,700\,000$ N·mm

∴ $e_b = 641\,700\,000/3\,660\,900$

$= 175$ mm

〔例題 6・3〕
例題 6・1 の断面に対して，図心から 150 mm の位置に軸方向圧縮力が作用する場合 ($e = 150$ mm) の設計耐力 N'_{ud} を求めよ。

〔解〕
例題 6・2 を参照すると，荷重の偏心量が釣合偏心量より小さいので，
$$\varepsilon_s < \varepsilon_y$$
である。したがって，
$$T = A_s E_s \varepsilon'_u (d-x)/x$$
$$= 2\,000 \times 2.0 \times 10^5 \times 0.003\,5(400-x)/x = 1\,400\,000(400-x)/x$$
$x \leq h$ および $\varepsilon'_s \geq \varepsilon'_y$
を仮定すると，例題 6・1 を参照して，
$$C'_c = 15\,710\,x$$
$$C'_s = 690\,000 \text{ N}$$
∴ $N'_{ud} = \{15\,710\,x + 690\,000 - 1\,400\,000(400-x)/x\}/1.15$
$150\,N'_{ud} = \{15\,710\,x(225 - 0.4\,x) + 690\,000(225-50)$
$\qquad\qquad + 1\,400\,000(400-225)(400-x)/x\}/1.15$

∴ $15\,710\,x + 690\,000 - 560\,000\,000/x + 1\,400\,000$
$\qquad = 23\,565\,x - 41.89\,x^2 + 805\,000 + 653\,300\,000/x - 1\,633\,000$

∴ $(41.89\,x^2 - 7\,855\,x + 2\,918\,000)\,x = 1\,213\,300\,000$

∴ $x = 291$ mm
$h = 450$ mm $> x = 291$ mm
$\varepsilon'_s = 0.003\,5(291-50)/291 = 0.002\,90 > 0.001\,73 = \varepsilon'_y$
であるので，仮定した条件を満足している。したがって，
$N'_{ud} = \{15\,710 \times 291 + 690\,000 - 1\,400\,000(400-291)/291\}/1.15$
$\qquad = 4\,120\,000$ N
$\qquad = 4\,120$ kN

〔例題 6・4〕
例題 6・1 の断面に対して，図心から 30 mm の位置に軸方向圧縮力が作用する場合 ($e = 30$ mm) の設計耐力 N'_{ud} を求めよ。

〔解〕
例題 6・3 と同様の仮定をおくと，

$15\,710\,x + 690\,000 - 560\,000\,000/x + 1\,400\,000$

$= 117\,825\,x - 209.5\,x^2 + 4\,025\,000 + 3\,267\,000\,000/x - 8\,167\,000$

∴ $(209.5\,x^2 - 102\,115x + 9\,854\,500)x = 3\,827\,000\,000$

これを解くと，

$x = $ **470 mm**

となる。

$x > h = 450$ mm

であり，厳密な意味では矩形の応力ブロックを用いることはできないが，その差が小さいので，このまま計算を進める。

$\varepsilon'_s = 0.003\,5(470 - 50)/470 = 0.003\,13 > 0.001\,73 = \varepsilon'_y$

であるので，圧縮鉄筋は降伏しており，仮定した条件を満足している。したがって，

$N'_{ud} = \{15\,700 \times 470 + 690\,000 - 1\,400\,000(400 - 470)/470\}/1.15$

$= 7\,200\,000$ N

$= 7\,200$ **kN**

〔例題 6・5〕
例題 6・1 の断面に対して，図心に軸方向圧縮力が作用する場合 ($e=0$) の設計耐力 N'_{ud} を求めよ。ただし，$\gamma_b = 1.3$ とする。

〔解〕
式 (6・1) より，

$N'_{ud} = (0.85\, A_c\, f'_{cd} + A_{st}\, f'_{yd})/\gamma_b$

$= (0.85 \times 1\,000 \times 450 \times 23.1 + 4\,000 \times 345)/1.3$

$= 10\,220\,000/1.3 = 7\,860\,000$ N

$= 7\,860$ kN

例題 6・1〜6・5 の結果を図示すると，次図のようになる。

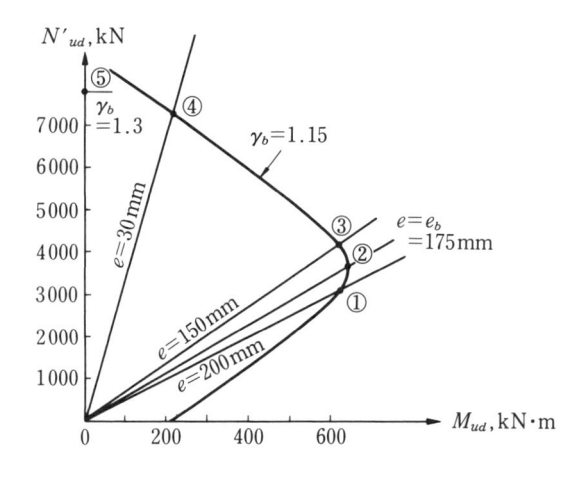

例題 6・5 図

7 章

棒部材のせん断耐力

7・1 斜めひびわれの発生

　せん断力が作用したことが主原因で部材が破壊する場合の破壊を**せん断破壊**という。せん断力だけではなく曲げモーメントも作用しており，さらに軸方向力あるいはねじりモーメントが作用している場合もある。いずれの場合でも，せん断破壊は**斜めひびわれ**の発生を伴っているのが特徴である（図 7・1 参照）。

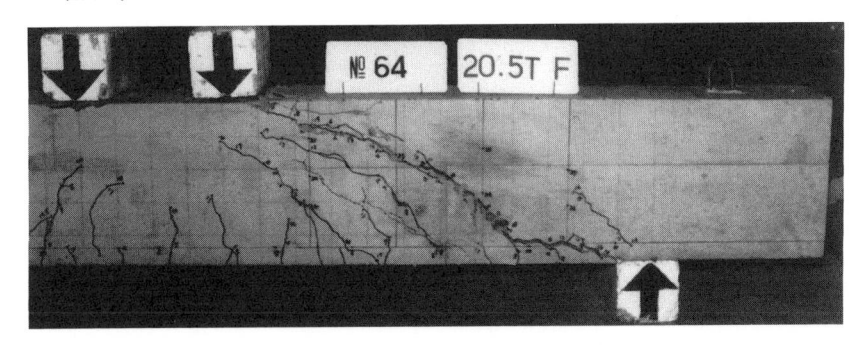

図 7・1 斜めひびわれ

　せん断力が作用すると，斜めひびわれが何故に発生するかを説明するために，曲げひびわれが発生するコンクリート部材ではなく，完全な弾性体でできているはりの応力状態をまず考えてみる。

　矩形断面の場合には，曲げ応力度 σ，せん断応力度 τ，主引張応力度 σ_1 は，それぞれ以下の式で表される（図 7・2 参照）。また，主引張応力度と部材軸と

のなす角度 θ は式 (7・4) である。

$$\sigma = M(y/I) \qquad (7\cdot1)$$

$$\tau = V(Q/bI) \qquad (7\cdot2)$$

$$\sigma_1 = \sigma/2 + \sqrt{(\sigma/2)^2 + \tau^2} \qquad (7\cdot3)$$

$$\theta = \tan^{-1}(\tau/\sigma_1) \qquad (7\cdot4)$$

ここに, y：図心からの距離

I：図心に関する断面2次モーメント ($= bh^3/12$)

$Q = (b/2)(h^2/4 - y^2)$

せん断応力が0 ($\tau = 0$) であるはりの引張側表面 (引張縁) における主引張応力は, せん断力の大きさにかかわらず, 曲げ応力に等しくなり, その方向

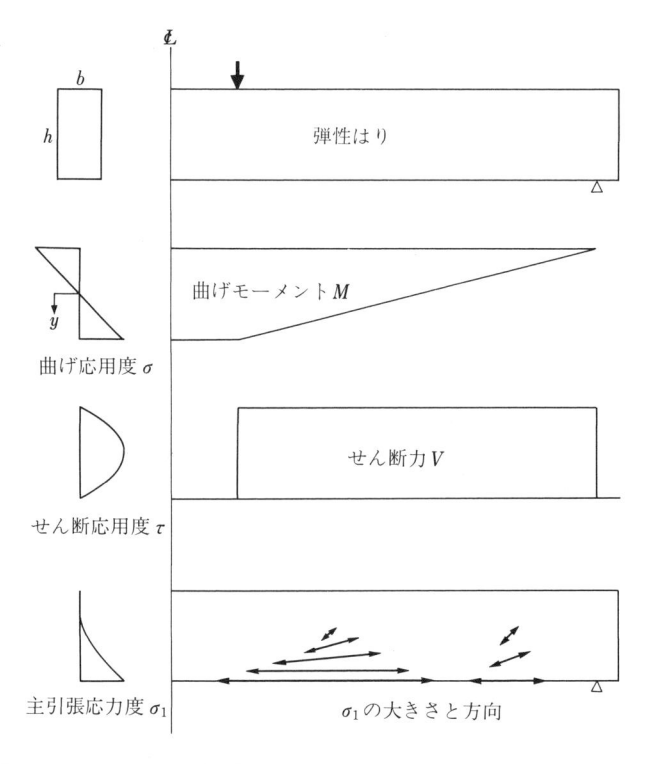

図 7・2 せん断力と曲げモーメントとを受ける弾性はりの応力状態

は水平である（$\sigma_1 = \sigma$, $\theta = 0$）。しかし，曲げ応力が0（$\sigma = 0$）となる中立軸では，**主引張応力**の値が，曲げモーメントの大きさにかかわらず，**せん断応力度**に等しくなり，その方向は部材軸に対して**45°**の傾きとなる（$\sigma_1 = \tau$, $\theta = 45°$）。

鉄筋コンクリートばりの場合においても，コンクリートにひびわれが発生する以前においては，鉄筋コンクリートを弾性体と考えてよい。主引張応力度が最も大きいのはスパン中央部の下縁であり，その方向は部材軸方向である。主引張応力度が大きくなり，コンクリートの曲げ引張強度を越えると，主引張応力の方向と直角方向，すなわち部材軸と直交する曲げひびわれが発生する。曲げひびわれが発生すると，いままでコンクリートが受け持っていた引張力を，引張鉄筋が負担するので，ひびわれの入っていないコンクリート部分の応力状態は，ひびわれ発生前と極端に変わることはない。さらに，荷重が大きくなると，すでに生じている曲げひびわれが上方に伸展するとともに，スパン中央だけでなくその左右にも曲げひびわれが発生し，その先端が主応力線に沿って徐徐に傾斜していき，斜めのひびわれとなる。

斜めひびわれが発生すると，いままでコンクリートが受け持っていた斜め方向の引張力が解放されるので，この引張力を受け持つように鉄筋を配置していないかぎり，部材内部の応力状態が急激に変化する。この新しい応力状態に対して，部材断面の各部が耐えられない場合には，直ちに破壊に至る。斜めひびわれの発生は，部材のウエブにおける主引張応力度の大きさに関係するが，曲げひびわれ発生後における主引張応力度を正確に算定する簡単な方法はない。式（7・5）に示す**公称せん断応力度** τ は，曲げひびわれ発生後における鉄筋コンクリートに対して，主引張応力度の大きさを示す一つの指標として用いられてきたものである。

$$\tau = \frac{V}{b_w d} \quad (7 \cdot 5)$$

ここに，V はせん断力，b_w はウエブの幅，d は断面の有効高さである。
鉄筋コンクリートはりにおける**斜めひびわれ発生時の公称せん断応力度** f_{vvc}

は，コンクリート強度によって異なるだけではなく，引張鉄筋比，有効高さおよび作用している直応力の大きさなどによって異なることが知られている（図7・3参照）。最近の我が国の研究成果に基づいてこれらの要因を採り入れ，次式が斜めひびわれ発生時の設計せん断耐力 V_{cd} として，示方書に採用されている。

斜めひびわれ発生時の設計せん断耐力

$$V_{cd} = f_{vvcd} \cdot b_w \cdot d / \gamma_b \tag{7・6}$$

ここに，

f_{vvcd}：設計斜めひびわれ強度（単位 N/mm²）

$$= \beta_d \cdot \beta_p \cdot \beta_n \cdot f_{vcd} \tag{7・7}$$

$f_{vcd} = 0.20 \sqrt[3]{f'_{cd}}$ (N/mm²) ≤ 0.72

$\beta_d = \sqrt[4]{1/d} \leq 1.5$ （d の単位は m）

$\beta_p = \sqrt[3]{100\, p_w} \leq 1.5$

$\beta_n = 1 + M_o/M_d \leq 2$ 　　（$N'_d \geq 0$ の場合）

　　$= 1 + 2\, M_o/M_d \geq 0$ 　　（$N'_d \leq 0$ の場合）

f'_{cd}：コンクリートの設計圧縮強度 （単位：N/mm²）

$p_w = A_s/(b_w d)$ 　　　　A_s：引張鉄筋の断面積

b_w：ウェブの幅 　　　　d：有効高さ

N'_d：設計軸方向圧縮力

M_o：軸力による引張側縁応力を打ち消すのに必要なモーメント，

　　　ただし，M_d と同符号の場合を正とする。

M_d：設計作用曲げモーメント

γ_b：部材係数，一般に 1.3 としてよい。

なお，矩形以外の断面について，式（7・6）を適用するために，示方書では，b_w および p_w を図 7・4 のように定めている。すなわち，円形断面以外で，部材高さ方向にウェブ幅が変化している場合は，その有効高さの範囲内での最小幅を b_w とし，複数のウェブを持つ場合はその合計幅を b_w とする。円形断面

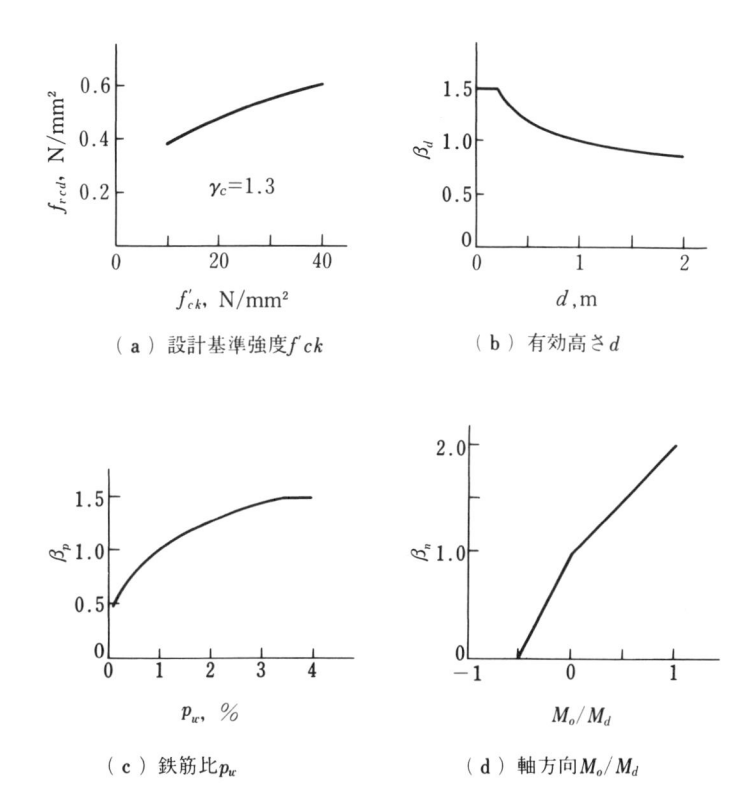

図 7・3 設計斜めひびわれ強度 f_{vcd} に及ぼす各種要因の影響（示方書）

(a) 設計基準強度 $f'ck$
(b) 有効高さ d
(c) 鉄筋比 p_w
(d) 軸方向 M_o/M_d

$b_w = b_1 + b_2$

この範囲に配置されている鉄筋を A_s

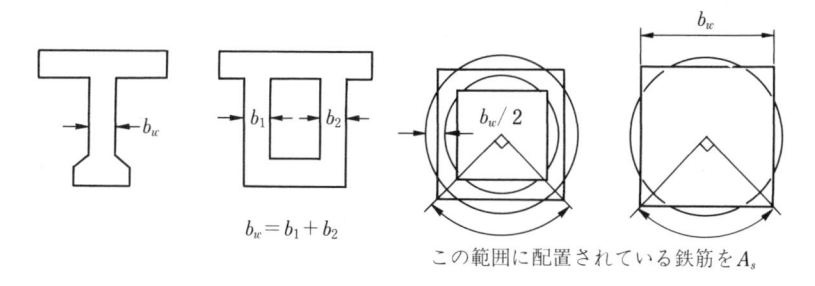

図 7・4 矩形以外の断面における b_w と p_w のとり方（示方書）

(円環断面)では，面積の等しい正方形断面(正方形箱形断面)のウエブ幅を b_w とする。この時，軸方向引張鉄筋の断面積 A_s を引張側1/4部分に配置されている量とし，その図心から圧縮縁までの距離を有効高さとして，p_w を算定する。

7・2　せん断補強鉄筋の降伏

鉄筋コンクリート部材は，斜めひびわれの発生によって破壊しないように，鉄筋によって補強する必要がある。この目的で配置される鉄筋を**せん断補強鉄筋**と総称する。せん断補強鉄筋はその配置されている位置から**腹鉄筋**と呼ばれ，その機能から**斜め引張鉄筋**と呼ばれることがある。せん断補強鉄筋としては，**スターラップ**(あばら筋)，**折曲鉄筋**，**帯鉄筋**(柱の場合)などがある(図7・5参照)。

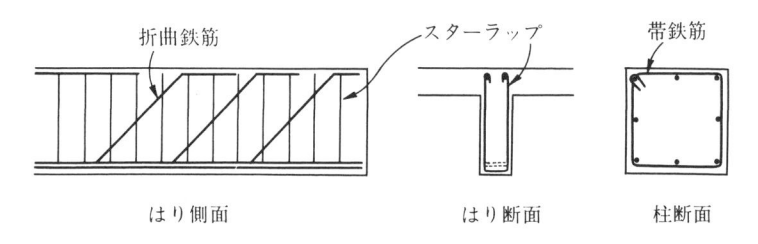

図 7・5　せん断補強鉄筋

せん断補強鉄筋の効果を算定する方法としては，従来から用いられている**トラス理論**がある。この理論は，鉄筋コンクリートはりを，せん断補強鉄筋を引張腹材とするトラス(図7・6参照)と考えることに基礎をおくものである。トラスの圧縮弦材はコンクリート，引張弦材は軸方向鉄筋であり，圧縮斜材と部材軸とのなす角度 θ を，中立軸における主圧縮応力の方向に一致させて45°としたものである。圧縮斜材に沿って切断した自由体(図7・6参照)について，鉛直方向の力の釣合いを考えると，

$$V = T_w \sin \alpha$$

$$T_w = nA_w\sigma_w$$

ここに，A_w：一組のせん断補強鉄筋の断面積

σ_w：せん断補強鉄筋の応力度

$n = l/s$

$l = (\cot 45° + \cot \alpha)z = (1 + \cot \alpha)z$

s：せん断補強鉄筋の間隔

$$\therefore\ V = nA_w\sigma_w\sin\alpha$$
$$= A_w\sigma_w(\sin\alpha + \cos\alpha)(z/s) \tag{7・8}$$

したがって，せん断補強鉄筋が降伏するときのせん断力 V_{wy} は，式 (7・9) で表されることになる。

$$V_{wy} = A_w f_{wy}(\sin\alpha + \cos\alpha)(z/s) \tag{7・9}$$

f_{wy}：せん断補強鉄筋の降伏強度

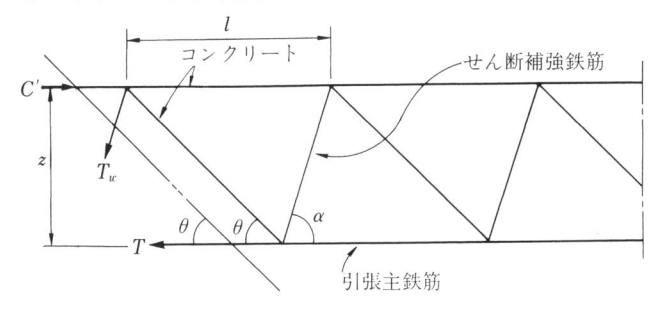

図 7・6 トラスモデル

このトラス理論は非常に簡単であり，かつ，この方法によってせん断補強鉄筋の設計を行えば安全であるので，多くの国において長い間この方法が用いられてきた。しかし，現在では**古典的トラス理論**と呼ばれ，そのままの形で設計に用いられることはない。

最近の研究によって，せん断補強鉄筋に作用する引張応力度は，古典的トラス理論で予想されるものよりも小さいことが知られている。斜めひびわれ発生後もせん断補強鉄筋が降伏するまでは，圧縮側のコンクリート，軸方向鉄筋の

ほぞ作用，ひびわれ面でのせん断伝達などによって，せん断力が分担され，残りのせん断力がトラス作用によって分担されるとも考えられるからである。その場合，式 (7・10) が一般に用いられている。

$$V = V_c + V_w \tag{7・10}$$

ここに，

V：作用せん断力

V_c：トラス作用以外で受け持たれるせん断力で，一般に斜めひびわれ発生時のせん断力とされる。

V_w：圧縮斜材の角度が45°のトラス作用で受け持たれるせん断力
　　 $= A_w \sigma_w (\sin\alpha + \cos\alpha) z/s$

この式はせん断補強鉄筋が降伏するまでは，おおよそ成立することが認められている。したがって，示方書では，**せん断補強鉄筋降伏時の設計せん断耐力**を，式 (7・11) で表しているのである。

せん断補強鉄筋降伏時の設計せん断耐力

$$V_{yd} = V_{cd} + V_{sd} \tag{7・11}$$

ここに，

V_{cd}：斜めひびわれ発生時の設計せん断耐力，式 (7・6)

V_{sd}：圧縮斜材の角度が45°のトラス作用で受け持たれる設計耐力
$$= A_w f_{wyd} (\sin\alpha + \cos\alpha)(z/s)/\gamma_b \tag{7・12}$$

A_w：一組のせん断補強鉄筋の断面積

f_{wyd}：せん断補強鉄筋の設計降伏強度

α：せん断補強鉄筋と部材軸のなす角度

s：せん断補強鉄筋の間隔

z：応力中心間距離，$z = d/1.15$ と近似してよい。

γ_b：部材係数，一般に，1.15としてよい。

7・3 ウエブコンクリートの圧壊

せん断強鉄筋量を増しても，圧縮斜材が耐えられる以上には，せん断耐力はは大きくならないのであるから，設計においては，ウエブコンクリートの圧壊

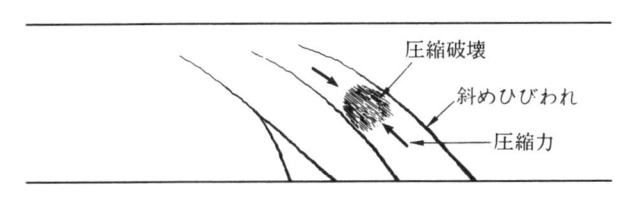

図 7・7 ウエブコンクリートの圧壊

による破壊耐力をも照査しなければならない。しかし，この腹部圧壊耐力に関しては，十分な実験的裏付けをもつ算定式は現在のところないといえる。

示方書では，各国の規定その他を参考にして，安全側の値を与える次式を与えている。

腹部圧壊に対する設計せん断耐力

$$V_{wcd} = f_{wcd} b_w \cdot d / \gamma_b \tag{7・13}$$

ここに，

f_{wcd}：腹部コンクリートの設計斜め圧縮破壊強度

$= 1.25\sqrt{f'_{cd}} \leqq 7.8$ （単位は N/mm²）

γ_b：部材係数，一般に，1.3としてよい。

トラス理論においては，軸方向引張鉄筋に作用する引張力が，はり理論による値よりも一般に大きくなる。このことを考慮するために，曲げモーメントに対して必要な軸方向鉄筋の量を算定する際に用いる設計作用曲げモーメントを構造解析で求め得られる値よりも幾分大きくしておく必要がある。この大きくする程度は，せん断補強鉄筋の角度，斜めひびわれのなす角度等によって異なるのであるが，示方書では簡単のために，曲げモーメントを部材の有効高さ d

に等しい距離だけ大きくなる方にシフトして，シフトした曲げモーメントに対して，軸方向引張鉄筋の量を算定することにしている。曲げ部材において，軸方向引張鉄筋を曲げ上げたり，途中定着する場合に，このシフトしたモーメントを用いるのである。

せん断補強鉄筋のないはりや柱では，斜めひびわれが発生するとほぼ同時に，急激な耐力低下を生じる可能性がある。このことを防ぐには，適当量のスターラップを配置すればよく，経済的にも大きな負担なしに実現できる。また，部材の急激な破壊が構造系全体の性状に影響を与える場合には，斜めひびわれ発生後も，力の伝達機構が再構築されるように配慮しなければならない。このため，はりや柱には，最小せん断補強鉄筋を部材全長にわたって配置するのが実際的な処置である。示方書では，少なくともコンクリート断面の0.15％以上のスターラップを配置するものとしている。

はりの支点付近は，支点反力による圧縮力の影響その他によって，この部分でせん断破壊することは一般にない。そこで，示方書では，支承前面から部材の全高さの半分離れた断面を検討断面として，それより支承側ではトラス作用に基づくせん断耐力 V_{yd} の検討を省略できるとし，検討断面における必要せん断補強鉄筋を支承付近に配置することとしている。

支点における引張主鉄筋の定着が十分でない場合には，せん断耐力が低下するので，検討断面よりも支承側においてせん断破壊を起こさないことを保証するために，検討断面に配置されている引張主鉄筋は，途中で曲げ上げたりせずに，すべて支承部を越えて定着する必要がある。スターラップは，その定着力を高める効果がある。

7・4 部 材 係 数

部材係数によってカバーされる不確実性要因のなかで,主なものは耐力算定式自体の不確実性である。

斜めひびわれ発生時のせん断耐力やウエブコンクリートの斜め圧縮破壊耐力の算定式は,実験結果に基づいて提案された実験式であり,比較的精度の良いものであって,部材係数として1.15程度の値を採ることができるものである。しかし,これらの式は,主として小型試験体の結果に基づいて導かれたものであって,断面寸法が大きい場合の適合性が十分に確認されているとはいい難いことを考慮して,示方書では1.3程度の値を用いることを推奨しているのである。したがって,大型部材への実験式の適用性が確認されれば,部材係数を1.15程度まで小さくすることは可能である。

せん断補強鉄筋を有する部材のトラス的な耐荷機構による鋼材降伏型の耐力算定式については,7・2に示したように理論的なアプローチがなされており,その破壊も比較的じん性に富むものである。部材寸法のバラツキその他の影響を考慮しても,1.15程度の値を用いれば十分である。

〔例題 7・1〕

矩形断面 ($b = 1\,000$ mm, $d = 400$ mm, $A_s = 1\,940$ mm^2) の設計斜めひびわれ耐力 V_{cd} を求めよ。ただし,材料の力学的性質および安全係数は以下のとおりとする。

コンクリートの設計基準強度:$f'_{ck} = 30$ N/mm^2

安全係数:$\gamma_c = 1.3$, $\gamma_s = 1.0$, $\gamma_b = 1.3$

〔解〕

$f'_{cd} = f'_{ck}/\gamma_c = 30/1.3 = 23.1$ N/mm^2

$f_{vcd} = 0.20\sqrt[3]{f'_{cd}} = 0.20\sqrt[3]{23.1} = 0.569$

$p_w = A_s/(bd) = 1\,940/(1\,000 \times 400) = 0.004\,85$

$\beta_d = \sqrt[4]{100/d} = \sqrt[4]{1\,000/400} = 1.257$

$\beta_p = \sqrt[3]{100\,p_w} = \sqrt[3]{100 \times 0.004\,85} = 0.786$

$f_{vvcd} = \beta_d \, \beta_p \, f_{vcd}$
   $= 1.257 \times 0.786 \times 0.569 = 0.563 \text{ N/mm}^2$
∴ $V_{cd} = f_{vvcd} \, bd/\gamma_b$
   $= 0.563 \times 1\,000 \times 400/1.3 = 173\,000 \text{ N} = \mathbf{173 \text{ kN}}$

〔例題 7・2〕

円形断面（$r = 30$ cm, $r_o = 26$ cm, 鉄筋は 16 D 25）の設計斜めひびわれ耐力 V_{cd} を求めよ。ただし、材料の力学的性質および安全係数は以下のとおりとする。

コンクリートの設計基準強度：$f'_{ck} = 24 \text{ N/mm}^2$
安全係数：$\gamma_c = 1.3$, $\gamma_s = 1.0$, $\gamma_b = 1.3$

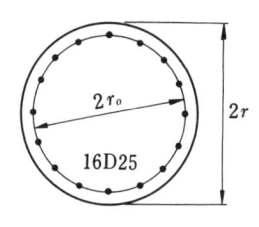

〔解〕

例題 7・2 図

$f'_{cd} = f'_{ck}/\gamma_c = 24/1.3 = 18.5 \text{ N/mm}^2$
$f_{vcd} = 0.2 \sqrt[3]{f'_{cd}} = 0.2 \sqrt[3]{18.5} = 0.529 \text{ N/mm}^2$

主鉄筋 1 本の断面積は表 3・2 より、506.7 mm² であって、1/4 の範囲には 4 本の鉄が配置されていることになるので、

 $A_s = 4 \times 506.7 = 2\,027 \text{ mm}^2$

この鉄筋の重心は、断面の中心から下側に y であるとすると、

 $y = [1 + 2\cos(\pi/8) + \cos(\pi/4)] \cdot r_o/4$
  $= 3.55 \times 260/4 = \mathbf{231 \text{ mm}}$

ウェブの幅は同じ断面積の正方形の 1 辺の長さに等しいとするので、

 $b_w = \sqrt{\pi r^2} = \sqrt{\pi \times 300^2} = \mathbf{532 \text{ mm}}$

したがって、有効高さは、

 $d = 532/2 + 231 = \mathbf{497 \text{ mm}}$
 $p_w = A_s/(b_w d) = 2\,027/(532 \times 497) = 0.007\,67$
 $\beta_d = \sqrt[4]{1\,000/d} = \sqrt[4]{1\,000/497} = 1.190$
 $\beta_p = \sqrt[3]{100\,p_w} = \sqrt[3]{100 \times 0.007\,67} = 0.915$
 $f_{vvcd} = \beta_d \, \beta_p \, f_{vcd}$
   $= 1.190 \times 0.915 \times 0.529 = 0.576 \text{ N/mm}^2$
∴ $V_{cd} = f_{vvcd} \, b_w d/\gamma_b = 0.576 \times 532 \times 497/1.3 = 117\,000 \text{ N} = \mathbf{117 \text{ kN}}$

〔例題 7・3〕

T 形断面（$b = 1\,000$ mm, $b_w = 200$ mm, $d = 400$ mm, $A_s = 1\,940$ mm^2）の設計斜めひびわれ耐力 V_{cd} を求めよ。ただし，材料の力学的性質および安全係数は以下のとおりとする。

$f'_{ck} = 30$ N/mm^2

$\gamma_c = 1.3, \ \gamma_s = 1.0, \ \gamma_b = 1.3$

例題 7・3 図

〔解〕

$f'_{cd} = f'_{ck}/\gamma_c = 30/1.3 = 23.1$ N/mm^2

$f_{vcd} = 0.20\sqrt[3]{f'_{cd}} = 0.2\sqrt[3]{23.1} = 0.569$ N/mm^2

$p_w = A_s/(b_w d) = 1\,940/(200\times 400) = 0.024\,3$

$\beta_d = \sqrt[4]{1\,000/d} = \sqrt[4]{1\,000/400} = 1.257$

$\beta_p = \sqrt[3]{100\,p_w} = \sqrt[3]{100\times 0.024\,3} = 1.343$

$f_{vvcd} = \beta_d \beta_p f_{vcd} = 1.257\times 1.343\times 0.569 = 0.962$ N/mm^2

∴ $V_{cd} = f_{vvcd}\,b_w d/\gamma_b = 0.962\times 200\times 400/1.3 = 59\,200$ N $= \mathbf{59.2\ kN}$

〔例題 7・4〕

例題 7・3 の断面の設計せん断耐力（V_{yd} および V_{wcd}）を求めよ。ただし，断面積 253 mm^2 の鉛直スターラップを 200 mm 間隔に配置するものとする。なお，スターラップに用いる鉄筋の降伏強度 f_{wyk} は 345 N/mm^2 とする。また，トラス作用で受け持たれるせん断耐力に対する部材係数 γ_b は 1.15 とする。

〔解〕

例題 7・3 より，

$V_{cd} = 59.2$ kN

$f_{wyd} = f_{wyk}/\gamma_s = 345/1.0 = 345$ N/mm^2

$z \fallingdotseq d/1.15 = 400/1.15 = 348$ mm

$V_{wyd} = A_w\,f_{wyd}(z/s)/\gamma_b$

$\quad = 253\times 345\,(348/200)/1.15 = 132\,000$ N $= \mathbf{132\ kN}$

∴ $V_{yd} = V_{cd} + V_{wyd} = 59.2 + 132 = \mathbf{191\ kN}$

また，

$f_{wcd} = 1.25\sqrt{f'_{cd}} = 1.25\sqrt{23.1} = 6.01$ N/mm^2

$V_{wcd} = f_{wcd}\,b_w d/\gamma_b = 6.01\times 200\times 400/1.3 = 370\,000$ N $= \mathbf{370\ kN}$

8 章

部材のせん断耐力

8・1 面 部 材

8・1・1 押抜きせん断破壊

厚さが長さや幅に比べて薄い平面状の部材で,荷重がその面にほぼ直角に作用するものを**スラブ**という。スラブに局部的に集中荷重が作用する場合には,曲げ破壊する前に,荷重作用位置周辺でコーン状に陥没するような破壊を生じることがある。このような破壊を**押抜きせん断破壊**という。押抜きせん断破壊に対する耐力算定については,確立された方法はないといってよい。示方書では,棒部材のせん断耐力算定式と同じパラメータを用い,既往の実験結果と対照して,次のように押抜きせん断耐力の算定式を与えている。

設計押抜きせん断耐力

$$V_{cpd} = f_{vpcd} u_p d / \gamma_b \tag{8・1}$$

ここに,

$f_{vpcd} = \beta_d \beta_p \beta_r f_{pcd}$

$f_{pcd} = 0.20\sqrt{f'_{cd}} \leq 1.2$ (単位は N/mm^2) $\tag{8・2}$

$\beta_d = \sqrt[4]{1/d} \leq 1.5$ (d の単位は cm)

$\beta_p = \sqrt[3]{100\,p} \leq 1.5$

$\beta_r = 1 + 1/(1 + 0.25 u/d)$

f'_{cd}:コンクリートの設計圧縮強度 (単位:N/mm^2)

u：載荷面の周長

u_p：設計断面の周長で，載荷面から $d/2$ 離れた位置で算定するものとする。

d および p：有効高さおよび鉄筋比で，2 方向の鉄筋に対する平均値とする。

γ_b：部材係数，一般に 1.3 としてよい。

なお，β_r は棒部材の場合には用いられないもので，3 次元的な応力場となることを考慮するための係数である。載荷面積が有効高さに比して小さくなると，3 次元的な効果が強くなり，最高で 2 倍の耐力となるように調整している。

載荷荷重近傍に開口部や自由縁がある場合，押抜き力に加えて曲げやねじりが同時に作用する場合，あるいは荷重が載荷面に対して偏心して作用する場合などには，押抜きせん断耐力は小さくなる。示方書にはその場合の便宜的な取り扱いが示されている。

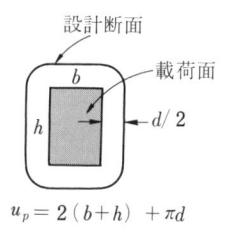

$u_p = 2(b+h) + \pi d$

図 8・1 設計断面

8・1・2 棒部材としての検討

一方向スラブのように，棒部材のような挙動をする面部材に対しては，棒部材に準じてせん断力に対する検討を行う必要がある。しかし，擁壁，ボックスカルバートなどの面部材はせん断補強鉄筋を用いていない場合が多く，せん断補強鉄筋を配置することを前提とした棒部材に関する設計法をそのまま適用することは必ずしも適当ではない。等分布荷重を受ける一方向スラブのような面部材は，そのせん断破壊性状が基本的には等分布荷重を受けるはりと同じであって，支点近傍で破壊することはなく，支点から有効高さ d だけ離れた断面で

検討しておけば十分安全である。ただし，その断面に配置されている引張主鉄筋すべてを支点を越えて定着しておく必要はある。

示方書のフーチングの項では，各荷重の作用位置と柱または壁前面までの距離を a とし，検討断面から外側に作用する荷重を，a/d による荷重低減係数 λ で低減し，その低減された荷重が作用するとして，検討断面における設計せん断力を求め，棒部材の設計せん断力と比較する方法を採っている。

$$\lambda = 3/(a/d) \leqq 6.0 \tag{8・3}$$

8・1・3 面内せん断力に対する検討

面内力を受ける場合，面部材の安全性の検討には種々の方法がある。示方書では実用性の高い直交2方向（x, y 方向）に配筋された面部材についての検討方法が示されている。この方法は，作用面内力を主面内力で与え，設計面内力として，式（8・4）～（8・6）で求められる各鉄筋方向の引張力とコンクリートに作用する斜め圧縮力とを用い，式（8・7）～（8・9）で与えられるそれぞれの耐力と比較する方法である。

これらの式は，直交鉄筋網の対角線方向に圧縮力が作用し，ひびわれは常に鉄筋方向と $45°$ の角度で入るものと仮定し，ひびわれ面に発生するせん断力を鉄筋と平行な成分と鉄筋網の対角線方向の成分に分割し，せん断力は鉄筋の軸引張成分とコンクリートの圧縮応力成分で抵抗されるとして導かれたものである。

面内力を受ける面部材の設計面内力

$$T_{xd} = N_1 \cos^2 \alpha + N_2 \sin^2 \alpha + (N_1 - N_2) \sin \alpha \cdot \cos \alpha \tag{8・4}$$

$$T_{yd} = N_1 \sin^2 \alpha + N_2 \cos^2 \alpha + (N_1 - N_2) \sin \alpha \cdot \cos \alpha \tag{8・5}$$

$$C'_d = 2(N_1 - N_2) \sin \alpha \cdot \cos \alpha \tag{8・6}$$

ここに，

T_{xd}, T_{yd}：x および y 方向鉄筋に作用する部材単位幅当たりの設計引張

力
C'_d：コンクリートに作用する単位幅当たりの設計斜め圧縮力
α：主面内力 N_1 と x 方向鉄筋のなす角度，$\alpha \leqq 45°$
N_1, N_2：主面内力，$N_1 < N_2$ で N_1 は引張りとする。

ひびわれが多数発生しているコンクリートの圧縮破壊耐力の算定については，不明な点も多いが，現時点では，安全で簡単な算定式として，式（8・9）が提案されている。

面内力を受ける面部材の設計耐力

(1) **鉄筋の設計降伏耐力**

$$T_{xyd} = p_x f_{yd} bt/\gamma_b \qquad (8・7)$$

$$T_{yyd} = p_y f_{yd} bt/\gamma_b \qquad (8・8)$$

ここに，

p_x および p_y：x および y 方向の鉄筋比 (A_s/bt)

f_{yd}：鉄筋の設計降伏強度

b：部材幅で，一般に単位幅とする。

t：部材厚

γ_b：一般に，1.15としてよい。

(2) **コンクリートの設計圧縮破壊耐力**

$$C'_{ud} = f'_{ucd} bt/\gamma_b \qquad (8・9)$$

ここに，

$f'_{ucd} = 2.8\sqrt{f'_{cd}} \leqq 17$ 　　（単位は N/mm²）

γ_b：一般に 1.3としてよい。

8・2 せん断伝達

コンクリートの打継面などで，せん断力を伝達する必要がある場合には，せん断面におけるせん断伝達に対する検討を行う必要がある。

せん断面におけるせん断伝達耐力に及ぼすせん断補強鉄筋の効果は，せん断面に働く圧縮力による効果と，鉄筋の引張力およびせん断力のせん断方向成分による効果とからなる。

設計せん断伝達耐力

$$V_{cwd} = (\tau_c + pf_{yd}\sin^2\theta - \alpha p\tau_s \sin\theta\cos\theta)A_c/\gamma_b \quad (8・10)$$

ここに，

$$\tau_c = \mu f_{cd}^{\beta}(\alpha pf_{yd} + \sigma'_{nd}/2)^{1-\beta} \quad (8・11)$$

μ：固体接触に関する平均摩擦係数，一般に 0.45 としてよい。
β：面の形状によって異なる定数，以下の値を標準とする。
　　＝2/3：一般のひびわれ面の場合
　　＝1/2：打継面，高強度コンクリートを用いた場合のひびわれ面，
　　　　　　プレキャスト部材の継目に接着剤を用いた場合
τ_s：鉄筋が受け持つせん断応力度，一般に次式で算定してよい。
　　＝$0.08f_{yd}/\alpha$
$\alpha = 0.75\{1-10(p+0.85\,\sigma'_{nd}/f_{yd})\} \leq 0.08\sqrt{3}$
σ'_{nd}：せん断面に垂直に作用する平均圧縮応力度（単位は N/mm^2）
　　　この値がマイナスとなる場合は 2 倍の値とする。
p：せん断面における鉄筋比　　A_c：せん断面の面積
θ：せん断面と鉄筋のなす角度　　γ_b：一般に 1.3 としてよい。

8・3 ディープビーム

はりの高さがスパンに対して比較的大きい場合，はりの応力分布は普通のはりの場合とは異なる。このようなはりを一般に**ディープビーム**という。ディープビームとして取り扱う範囲として，示方書は次のような目安を与えている。

単純ばり	$l/h < 2.0$
2スパン連続ばり	$l/h < 2.5$
3スパン以上の連続ばり	$l/h < 3.0$

ここに，l：はりのスパン

h：はりの高さ

ディープビームは，斜めひびわれ発生後も，引張主鉄筋をタイとしたタイドアーチ的な性状を示す(図 8・2 参照)ことから，破壊はタイに相当する引張主鉄筋の降伏，引張主鉄筋定着部の破壊あるいはアーチリブに相当するコンクリートの圧壊によって起こる。このなかで，アーチリブに相当するコンクリートの破壊はせん断破壊と考えられ，その耐力として，示方書には次式が与えられている。なお，せん断補強鉄筋のないディープビームの耐荷機構はある程度明らかにされているが，せん断補強鉄筋の効果については十分に解明されていない。

ディープビームの設計せん断耐力

$$V_{dd} = f_{vdd}\, b_w d / \gamma_b \qquad (8・12)$$

ここに，

$f_{vdd} = \beta_d \beta_p \beta_u \cdot f_{dd}$

$f_{dd} : 0.6\, \beta_d \beta_p \beta_a \sqrt{f'_{cd}}$ 　　(単位は N/mm²)　　(8・13)

$\beta_d = \sqrt[4]{1/d} \leq 1.5$ 　　(d の単位は m)

$\beta_p = \sqrt[3]{100\, p_w} \leq 1.5$

$\beta_a = 5/\{1 + (a_v/d)^2\}$

a_v：荷重作用点から支承前面までの距離
d：荷重作用点における有効高さ
p_w：軸方向引張鉄筋断面積の腹部断面積に対する比率
f'_{cd}：コンクリートの設計圧縮強度（N/mm²）
γ_b：一般に 1.3 としてよい。

スパンとはり高さの比が1以下の片持ばりは，一般に**コーベル**と呼ばれている。コーベルのせん断耐荷機構はディープビームによく似ており，図 8・3 に示すような水平引張材と傾斜した圧縮材からなるトラスと考えられる。また，せん断耐力算定式もディープビームと同じものが使えるのである。

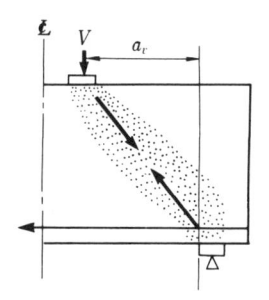

図 8・2　ディープビーム　　　　図 8・3　コーベル

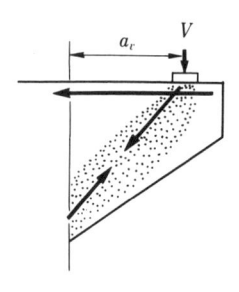

9 章

ねじり耐力

9・1 一 般

 構造物の設計において，ねじりモーメントは，釣合ねじりモーメントと変形適合ねじりモーメントに区分される。

 釣合ねじりモーメントは，構造系における力の釣合いを維持するために，ある部材が抵抗しなければならないねじりモーメントである。これを構造解析において無視すると，その構造系全体の安定が成立しない。これには，曲線けたに生じるねじりモーメント，片持スラブを支持するはりに生じるねじりモーメント等がある。

 変形適合ねじりモーメントは，不静定構造物を構成する部材間の変形の適合によって生じるねじりモーメントであり，主として，構造物の弾性範囲におけ

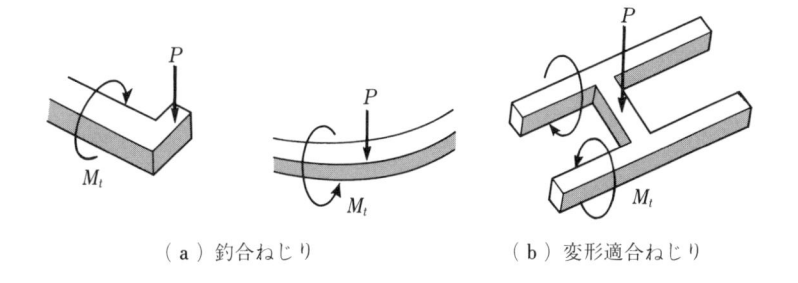

（a）釣合ねじり　　　　　　　　　（b）変形適合ねじり

図 9・1　釣合ねじりと変形適合ねじり

る変形に影響を与えるものである。これには，格子げたに生じるねじりモーメントがある。コンクリート部材のねじり剛性は，ねじりによる斜めひびわれが発生すると極端に低下するため，その部材に作用するねじりモーメントは非常に小さくなる。したがって，示方書では，終局限界状態においては，釣合ねじりモーメントについてのみ検討を行うこととし，変形適合ねじりについては考慮しなくてよいことを明示している。ただし，終局限界状態に対する検討は部材のねじり剛性を0と仮定して構造解析を行う必要がある。

示方書では，設計の簡略化を図るために，安全性を損なわない範囲で，ねじりに対する安全性の検討を省略できる範囲を以下のように設定している。

> **ねじりの検討が不要な場合：**
>
> $$\gamma_i M_{td} / M_{tcd} < 0.2 \qquad (9 \cdot 1)$$
>
> ここに，
> M_{td}：設計作用ねじりモーメント
> M_{tcd}：ねじり補強鉄筋のない場合における設計ねじり耐力，式(9・2)

ねじりモーメントが設計において支配的になることは少ないので，曲げモーメントとせん断力に対する安全性の検討を行った後に，ねじりモーメントに対する安全性の検討を行うのが普通である。

9・2 ねじり補強のない場合

ねじり補強鉄筋のない部材では，ほとんどの場合，ねじりモーメントによるらせん状のひびわれ発生と同時に部材が破壊する。矩形断面の純ねじり耐力は，弾性理論式と塑性理論式の中間の値となり，弾性理論式は安全側の値を与える。そこで，示方書では次のような弾性理論式を用いているのである。なお，矩形断面以外の断面では，ねじり係数 K_t が式（9・3）とは異なるものとなる。

9・2 ねじり補強のない場合

矩形断面の設計ねじり耐力

$$M_{tcd} = \beta_{nt} K_t f_{td} / \gamma_b \tag{9・2}$$

ここに，

K_t：ねじり係数で，b^2h/η_1 (9・3)

$\eta_1 = 3.1 + 1.8 b/h$ （図 9・2 参照）

b：短辺の長さ

h：長辺の長さ

$\beta_{nt} = \sqrt{1 + \sigma'_{nd}/(1.5 f_{td})}$ （図 9・3 参照）

σ'_{nd}：軸方向による作用平均圧縮応力度 $\leq 7 f_{td}$

γ_b：一般に 1.3 としてよい。

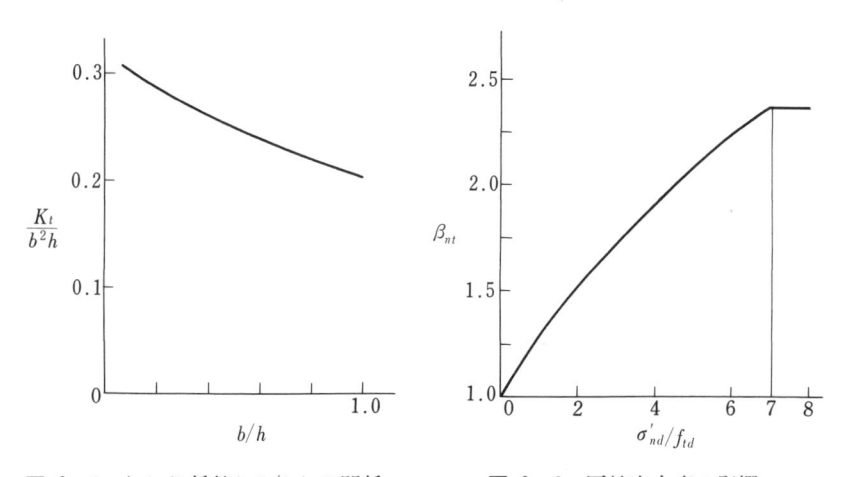

図 9・2 ねじり係数と b/h との関係　　**図 9・3** 圧縮応力度の影響

式 (9・2) は弾性理論に基づく耐力算定式であり，やや安全側のものであるが，実験値のばらつきが大きく，乾燥収縮その他の影響をも考慮して，比較的大きい部材係数を採ることにしている。β_{nt} は，プレストレスなどの軸方向圧縮応力を受ける場合の耐力増加を考慮するためのものであって，図 9・3 の値を

採る。この値は，軸方向応力とせん断応力との組合せによる主引張応力が引張強度に達したときに破壊すると考えて求めたものである。なお，$1.5f_{td}$ を引張強度の平均値と考えている。しかし，圧縮応力が極端に大きくなると破壊形式が変化し，圧縮応力の効果が失われるので，圧縮応力度に制限を設けているのである。

曲げモーメントとねじりモーメントとが同時に作用する部材の耐力に関しては，多くの提案があるが，示方書では，最大主応力説から導かれた相関関係に基づく，式 (9・5) を採用している (図 9・4 参照)。

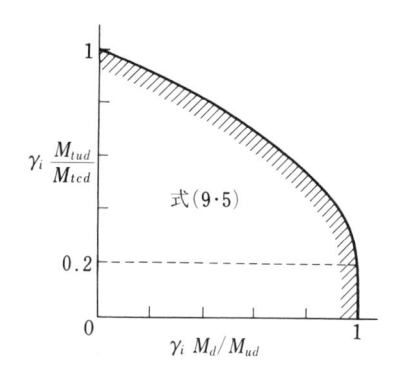

図 9・4　曲げとねじりとの相関関係 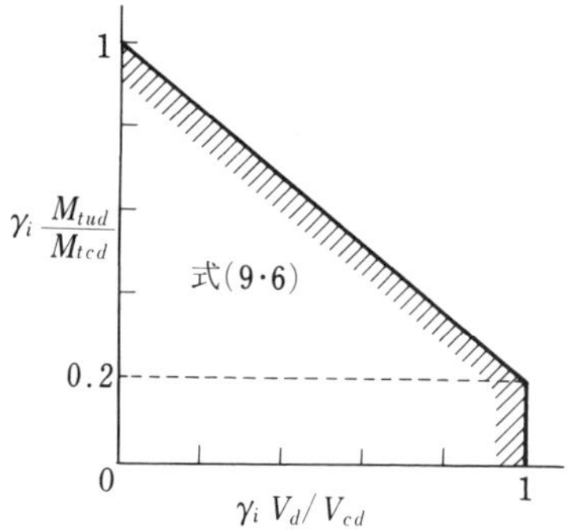　　図 9・5　せん断とねじりとの相関関係

曲げモーメント M_d とねじりモーメント M_{td} が同時に作用する場合の安全性の検討

$$\{(\gamma_i M_{td}/M_{tcd}-0.2)/0.8\}^2+(\gamma_i M_d/M_{ud}) \leq 1.0 \qquad (9・5)$$

ここに，
M_{ud}：設計曲げ耐力
M_{tcd}：設計純ねじり耐力，式 (9・2)

せん断力とねじりモーメントが同時に作用する場合の相関関係には直線関係を用いることが多く，示方書では式 (9・6) を採用している (図 9・5 参照)。

> せん断力 V_d とねじりモーメント M_{td} が同時に作用する場合の安全性の検討
>
> $$(\gamma_i M_{td}/M_{tcd}) + (0.8\gamma_i V_d/V_{cd}) \leqq 1.0 \qquad (9\cdot6)$$
>
> ここに，
> V_{cd}：斜めひびわれ発生時の設計せん断耐力，式（7・6）

これらの相関関係が，$\gamma_i M_{tud}/M_{tcd}=0.2$までシフトしているのは，$\gamma_i M_{tud}/M_{tcd} < 0.2$の場合には，ねじりに対する検討が省略できるとしているためである。

9・3 ねじり補強のある場合

ねじりひびわれが発生した後におけるねじりモーメントに対する抵抗は，主として鉄筋の引張力とコンクリートの圧縮力によるものである。ねじりモーメントに対する補強鉄筋は，軸方向鉄筋およびそれに直交する閉合型の横方向鉄筋の組合せが基本となっている（図9・6参照）。

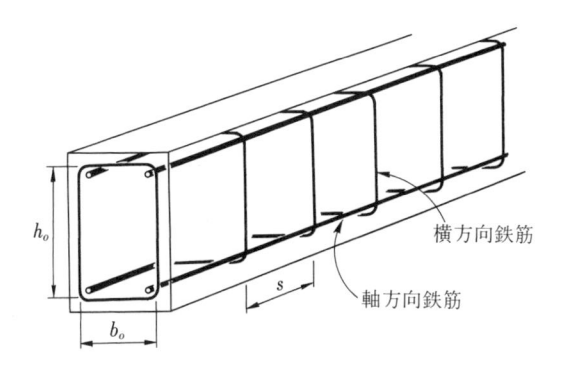

図9・6 ねじり補強鉄筋

ねじりひびわれ発生後の耐荷機構を立体トラスにモデル化する方法を示方書では採用している。すなわち，らせん状にひびわれが発生した状態を考え，断

面の四隅に配置された軸方向鉄筋を弦材,閉合スターラップを鉛直材,斜めひびわれ間のコンクリートを圧縮斜材とする立体トラスとするものである。

ねじり補強鉄筋である軸方向鉄筋と横方向鉄筋の両者が共に降伏するときの耐力は次のようになる。

ねじり補強鉄筋の設計降伏耐力

$$M_{tyd} = 2A_m\sqrt{q_w q_l}/\gamma_b \tag{9・7}$$

ここに,

A_m：ねじり有効断面積,矩形断面の場合は $b_o h_o$

b_o：横方向鉄筋の短辺の長さ

h_o：軸方向鉄筋の短辺の長さ

$q_w = A_{tw}f_{wd}/s \leqq 1.25 q_l$

$q_l = \Sigma A_{tl}f_{ld}/u \leqq 1.25 q_w$

A_{tw}：ねじり補強鉄筋として有効に働く横方向鉄筋の断面積

A_{tl}：ねじり補強鉄筋として有効に働く軸方向鉄筋の断面積

f_{ld} および f_{wd}：軸方向鉄筋および横方向鉄筋の設計降伏強度

s：横方向鉄筋の軸方向間隔

u：横方向鉄筋の中心線の長さ,矩形断面では $2(b_o + h_o)$

γ_b：一般に,1.3 としてよい。

式(9・7)は矩形断面のほかに,円形および円環断面に対して用いることができるものである。T,LおよびI型断面については,断面を矩形断面に分割し,各々について式(9・7)を適用し,その和を設計ねじり耐力としてよい。一般の箱型断面では,各壁の面内せん断耐力 V_{od} を求め,次式を設計ねじり耐力としてよい。ただし,V_{od} は各壁の面内せん断耐力の最小値とする。

$$M_{tyd} = 2A_m V_{od} \tag{9・8}$$

ねじり補強鉄筋が軸方向および横方向とも降伏しない程度に多量に配置されている場合には,ねじり補強鉄筋が降伏する前に,コンクリートに作用する斜

め圧縮力によりコンクリートが圧壊する。示方書には，ねじりに対する設計斜め圧縮破壊耐力として，次式を与えている。

> **ねじりに対する設計斜め圧縮破壊耐力**
>
> $$M_{tcud} = K_t f_{wcd}/\gamma_b \qquad (9 \cdot 9)$$
>
> ここに，
> $f_{wcd} = 1.25\sqrt{f'_{cd}}$ （単位は N/mm²）
> K_t：ねじり係数
> γ_b：一般に，1.3としてよい。

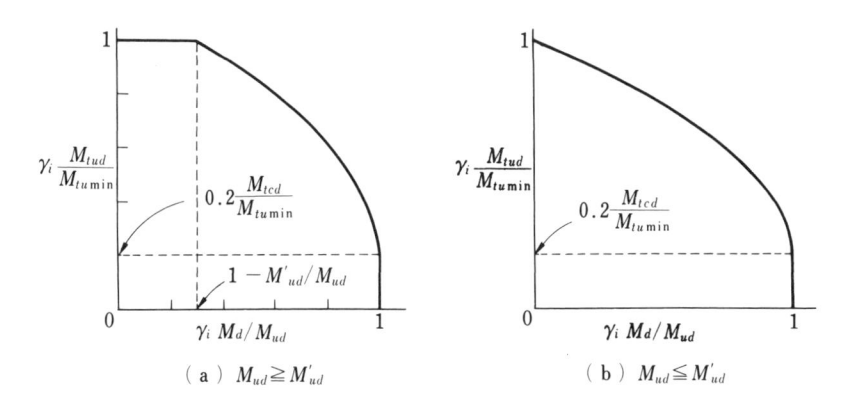

（a）$M_{ud} \geqq M'_{ud}$ ／ （b）$M_{ud} \leqq M'_{ud}$

図 9・7 ねじり補強鉄筋のある場合の曲げとねじりとの相関関係

曲げモーメントはねじりモーメントと同時に作用するが，その場合の部材耐力の相関関係は，軸方向鉄筋の配置によっても異なり，示方書では式（9・10）～（9・12）を採用している（図 9・7 参照）。また，せん断力とねじりモーメントとが同時に作用する場合の相関関係は，ねじり補強鉄筋のない場合と同様に，直線で表す式（9・13）が採用されている。

曲げモーメントM_dとねじりモーメントM_{td}が作用する場合の安全性の検討

$M_{ud} \geq M'_{ud}$ かつ $\gamma_i M_d \leq M_{ud} - M'_{ud}$ の場合：

$\gamma_i M_{td}/M_{tumin} \leq 1.0$ (9・10)

$M_{ud} \geq M'_{ud}$ かつ $\gamma_i M_d \geq M_{ud} - M'_{ud}$ の場合：

$\{\gamma_i M_{td} - 0.2 M'_{tcd})/(M_{tumin} - 0.2 M_{tcd})\}^2 + (\gamma_i M_d - M_{ud} + M'_{ud})/M'_{ud} \leq 1.0$ (9・11)

$M_{ud} \leq M'_{ud}$ の場合：

$\{(\gamma_i M_{td} - 0.2 M_{tcd})/(M_{tumin} - 0.2 M_{tcd})\}^2 + (\gamma_i M_d/M_{ud}) \leq 1.0$

ここに, (9・12)

M_{tumin}：M_{tcud}とM_{tyd}のいずれか小さい方の値

M_{ud}：引張側に配置された主鉄筋を引張鉄筋と考えた設計曲げ耐力

M'_{ud}：圧縮側に配置された主鉄筋を引張鉄筋と考えた設計曲げ耐力

せん断力V_dとねじりモーメントM_{td}が作用する場合の安全性の検討

$(\gamma_i M_{td}/M_{tumin}) + (1 - 0.2 M_{tcd}/M_{tumin})(\gamma_i V_d/V_{yd}) \leq 1.0$ (9・13)

ここに,

V_{yd}：設計せん断耐力, 式(7・11)

10 章

曲げ応力度

10・1　一般

　使用限界状態あるいは疲労限界状態に対する検討を行う場合に，部材断面の鉄筋あるいはコンクリートの応力度，特に鉄筋の応力度を算定する必要が生ずる。使用限界状態や疲労限界状態の検討に用いる荷重は，終局限界状態の検討に用いる荷重よりも相当に小さいので，コンクリートに作用する応力度が小さく，一般に，コンクリートを弾性体と考えて支障がない。また，鉄筋の応力度も，弾性範囲内にある。したがって，部材断面に生ずる応力度の算定は，従来から弾性理論に基づいて行われてきたのである。

　弾性理論に基づいて，鉄筋コンクリート部材断面に生ずる曲げ応力度を算定するに際して，通常，以下の仮定が用いられる。

(1)　**繊ひずみは断面の中立軸からの距離に比例する。**

　この仮定は，平面保持の仮定，すなわち，最初に平面であった断面は，曲げ変形後も平面を保っているという仮定から導かれるものである。ある区間の平均をとれば，この仮定は一般に正しいといえるものである。

(2)　**鉄筋ひずみはその位置のコンクリートのひずみに一致する。**

　この仮定は，鉄筋とコンクリートとの間に相対変位が生じないことを意味する。コンクリートにひびわれが発生した後は，必ずしも正しい仮定ではないが，ある区間の平均を考えれば，正しい仮定といえる。

(3) **コンクリートおよび鋼材は弾性体とする。**

この仮定が弾性理論と呼ばれる理由である。なお，ヤング係数比 n は，$n = E_s/E_c$ で定義される。ここに，E_s および E_c はそれぞれ鉄筋およびコンクリートのヤング係数である。

(4) **コンクリートの引張応力は無視する。**

この仮定は，鉄筋コンクリートの基本的な仮定であって，発生する曲げ引張応力はすべて鉄筋で受け持たせるということである。

以上の仮定のうち(3)以外の仮定は，断面の曲げ耐力算定に用いられるものと全く同じである。したがって，5章に述べた考え方に従って，応力度の算定を行うことができる。その方法については，記す必要がないと考え，弾性理論にしか用いられない手法を以下に示す。

弾性係数が一定の断面に，曲げモーメント M が作用する場合，中立軸から y の距離にある点の直応力度 σ は，次式によって求めることができる。

$$\sigma = \frac{M}{I} y \tag{10・1}$$

ここに，I は中立軸に関する断面2次モーメントである。

鉄筋とコンクリートとでは弾性係数が異なる上に，コンクリートの引張応力を無視するので，鉄筋コンクリートの場合には，この式をそのまま用いることはできない。しかし，鉄筋の断面積 A_s をヤング係数比倍することによって，

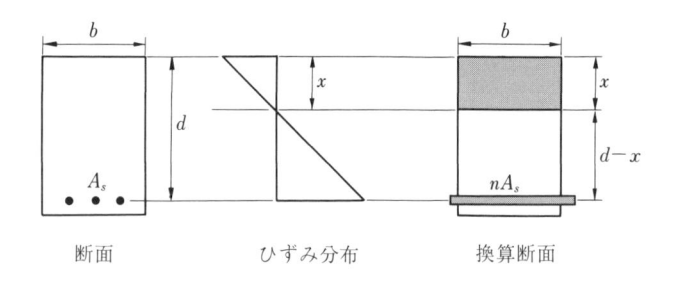

断面　　　　ひずみ分布　　　　換算断面

図 10・1　換　算　断　面

弾性係数が$1/n$のコンクリートに置き換え，応力の作用しない部分のコンクリート断面積を0とすれば，式 (10・1) が使えることになる。このようにして求めた断面を**換算断面**という (図 10・1参照)。この換算断面を用いれば，通常の弾性理論をそのまま適用して応力度を算定することができるのである。

10・2 単鉄筋矩形断面

最も簡単な例として，単鉄筋矩形断面を採り上げる。中立軸に関する断面1次モーメントが0となることを利用して，圧縮縁から中立軸までの距離xを求める (図 10・1参照)。

$$(bx)(x/2) = nA_s(d-x) \tag{10・2}$$

$$\therefore \quad bx^2 + 2nA_sx - 2nA_sd = 0$$

$$\therefore \quad x = \{-nA_s + \sqrt{(nA_s)^2 + 2nA_sbd}\}/b$$

$$= (nA_s/b)(-1 + \sqrt{1 + 2bd/nA_s}) \tag{10・3}$$

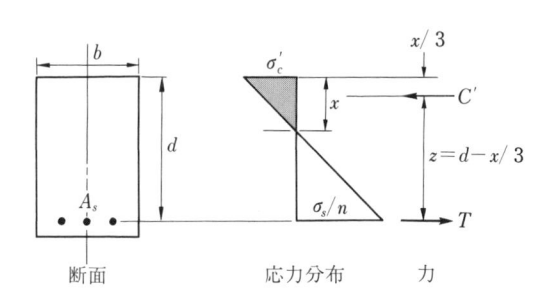

図 10・2 応力分布と内力

鉄筋のその図心に関する断面2次モーメントを無視すると，換算断面の中立軸に関する断面2次モーメントI_eは，

$$I_e = (bx^3/3) + nA_s(d-x)^2$$

また，式 (10・2) より，

$$bx^2/2 = nA_s(d-x)$$

であるので,

$$I_e = nA_s(d-x)(2x/3) + nA_s(d-x)^2$$
$$= nA_s(d-x)(d-x/3)$$

したがって，コンクリートの圧縮縁応力度 σ'_c は，

$$\sigma'_c = \frac{M}{I_e}x = \frac{2M}{bx(d-x/3)} \qquad (10\cdot4)$$

鉄筋の位置でのコンクリートの仮想の引張応力度 σ_{ct} は，

$$\sigma_{ct} = \frac{M}{I_e}(d-x) = \frac{M}{nA_s(d-x/3)}$$

鉄筋の応力度 σ_s は σ_{ct} の n 倍であるので，

$$\sigma_s = \frac{M}{A_s(d-x/3)} \qquad (10\cdot5)$$

となる。ここに，$(d-x/3)$ は，図 10・2 に示すように内力モーメントのアーム長 z を意味する。

以上の計算をまとめると次のようになる。

単鉄筋矩形断面における曲げ応力度 σ_s および σ'_c の計算

$p = A_s/(bd)$

$n = E_s/E_c$

$k = x/d = np\{-1+\sqrt{1+2/(np)}\}$

$j = 1-k/3$

$m = M/(bd^2)$

$\sigma_s = m/(pj)$

$\sigma'_c = 2m/(kj)$

ここに，M は作用曲げモーメント，E_c および E_s は，それぞれコンクリートおよび鉄筋のヤング係数であって，ヤング係数比 n は表 10・1 の値をとる。

表 10・1　ヤング係数比

コンクリート設計基準強度　f'_{ck}, N/mm^2	18	24	30	40	50
コンクリートのヤング係数　E_c, kN/mm^2	22	25	28	31	33
ヤング係数比　n	9.1	8.0	7.1	6.5	6.1

〔例題 10・1〕
単鉄筋矩形断面（$b = 1\,000$ mm, $d = 400$ mm, $A_s = 1\,940$ mm^2）に曲げモーメント $M_d = 100$ kN·m が作用する場合の鉄筋応力度 σ_s およびコンクリート圧縮縁応力度 σ'_c を求めよ。ただし，$n = 7.1 (f'_{ck} = 30$ N/mm$^2)$ とする。

〔解〕

$p = A_s/(bd) = 1\,940/(1\,000 \times 400) = \mathbf{0.004\,85}$

$np = 7.1 \times 0.004\,85 = \mathbf{0.034\,4}$

$k = np\{-1 + \sqrt{1 + 2/(np)}\} = 0.034\,4\{-1 + \sqrt{1 + 2/0.034\,4}\} = \mathbf{0.230}$

$j = 1 - k/3 = 1 - 0.230/3 = \mathbf{0.923}$

$m = M_d/(bd^2) = 100 \times 10^6/(1\,000 \times 400^2) = \mathbf{0.625}$ N/mm^2

$\sigma_s = m/(pj) = 0.625/(0.004\,85 \times 0.923) = \mathbf{140}$ N/mm^2

$\sigma'_c = 2m/(kj) = \mathbf{5.88}$ N/mm^2

〔例題 10・2〕
単鉄筋 T 形断面（$b = 1\,000$ mm, $t = 100$ mm, $d = 400$ mm, $b_w = 200$ mm, $A_s = 1\,940$ mm^2）に曲げモーメント $M_d = 100$ kN が作用する場合の鉄筋応力度 σ_s およびコンクリート圧縮縁応力度 σ'_c を求めよ。ただし，$n = 7.1 (f'_{ck} = 30$ N/mm$^2)$ とする。

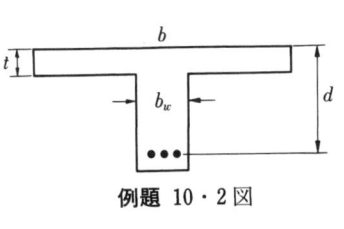

例題 10・2 図

〔解〕
中立軸がフランジ内にあると仮定する（$x \leqq t$）と，例題 10・1 より，

$x = kd = 0.230 \times 400 = 92.0$ mm

フランジの厚さ t は 100 mm であるので，$x < t$ であって，中立軸は仮定どおりフランジ内にある。したがって，例題 10・1 と全く同じ結果となる。

$\sigma_s = \mathbf{140}$ N/mm^2　　　$\sigma'_c = \mathbf{5.88}$ N/mm^2

〔例題 10・3〕

単鉄筋 T 形断面 ($b = 1\,000$ mm, $t = 100$ mm, $d = 400$ mm, $b_w = 200$ mm, $A_s = 6\,350$ mm^2) に曲げモーメント $M_d = 300$ kN・m が作用する場合の鉄筋応力度 σ_s およびコンクリート圧縮縁応力度 σ'_c を求めよ。ただし，$n = 7.1$ ($f'_{ck} = 30$ N/mm^2) とする。

〔解〕

中立軸がフランジ内にあると仮定する。

$p = 6\,350/(1\,000 \times 400) = 0.015\,9$

$np = 7.1 \times 0.015\,9 = 0.113$

$k = 0.113\{-1 + \sqrt{1 + 2/0.113}\} = 0.375$

∴ $x = kd = 0.375 \times 400 = 150$ mm

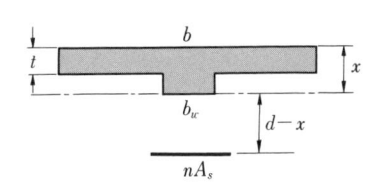

フランジの厚さ t は 100 mm であるので，例題 10・3 図

$x > t$ であって，中立軸は仮定と異なり，フランジ内にはない。したがって，換算断面の中立軸に関する 1 次モーメントが 0 となることを利用して x を求める (図参照)。

$(b \cdot x)(x/2) - b_o(x-t)(x-t)/2 - nA_s(d-x) = 0$

ここに，$b_o = b - b_w = 1\,000 - 200 = 800$ mm

∴ $b_w x^2 + 2(nA_s + b_o t)x - (2nA_s d + b_o t^2) = 0$

∴ $x = [-(nA_s + b_o t) + \sqrt{(nA_s + b_o t)^2 + b_w(2nA_s d + b_o t^2)}]/b_w$

  $= -A + \sqrt{A^2 + B}$

ここに，

$A = (nA_s + b_o t)/b_w = (7.1 \times 6\,350 + 800 \times 100)/200 = 625$

$B = (2nA_s d + b_o t^2)/b_w = (2 \times 7.1 \times 6\,350 \times 400 + 800 \times 100^2)/200 = 220\,340$

∴ $x = -625 + \sqrt{625^2 + 220\,340} = 157$ mm

換算断面の断面 2 次モーメント I_e は，

$I_e = bx^3/3 - b_o(x-t)^3/3 + nA_s(d-x)^2$

  $= 1\,000 \times 157^3/3 - 800(157-100)^3/3 + 7.1 \times 6\,350(400-157)^2$

  $= 3.90 \times 10^9$ mm^4

$\sigma_s = nM_d(d-x)/I_e = 7.1 \times 300 \times 10^6(400-157)/3.90 \times 10^9$

  $= 133$ N/mm^2

$\sigma'_c = M_d x/I_e = 300 \times 10^6 \times 157/3.90 \times 10^9$

  $= 12.0$ N/mm^2

以上の計算は，ウエブの影響を考慮した場合であるが，ウエブの影響を無視して，フ

ランジの幅を持つ矩形断面として計算する。以上の計算において，$b_w = b$ すなわち，$b_o = 0$ として計算するのである。

$x = 150$ mm

$I_e = bx^3/3 + nA_s(d-x)^2$
$= 1\,000 \times 15.0^3/3 + 7.1 \times 6\,350 \times (400-15.0)^2$
$= 3.94 \times 10^9$ mm^4

$\sigma_s = nM_d(d-x)/I_e = 7.1 \times 300 \times 10^6 (400-15.0)/3.94 \times 10^9$
$= 135$ N/mm^2

$\sigma'_c = M_d x/I_e = 300 \times 10^{10} \times 15.0/3.94 \times 10^9$
$= 11.4$ N/mm^2

であって，その差は極めて小さいのである。

〔例題 10・4〕
複鉄筋矩形断面（$b = 1\,000$ mm, $d = 400$ mm, $d' = 50$ mm, $A_s = 13\,400$ mm^2, $A'_s = 6\,700$ mm^2）に曲げモーメント $M_d = 600$ kN·m が作用する場合の鉄筋応力度 σ_s, σ'_s およびコンクリート圧縮縁応力度 σ'_c を求めよ。ただし，$n = 7.1 (f'_{ck} = 30$ N/mm$^2)$ とする。

〔解〕
換算断面の中立軸に関する1次モーメントが0となるので（図参照），

$(bx)(x/2) + nA'_s(x-d') - nA_s(d-x) = 0$
∴ $bx^2 + 2n(A_s + A'_s)x - 2n(A_s d + A'_s d') = 0$
∴ $x = [-n(A_s + A'_s) + \sqrt{n^2(A_s + A'_s)^2 + 2nb(A_s d + A'_s d')}]/b$
$= -A + \sqrt{A^2 + B}$

ここに，

$A = n(A_s + A'_s)/b$
$= 7.1(13\,400 + 6\,700)/1\,000 = 143$
$B = 2n(A_s d + A'_s d')/b$
$= 2 \times 7.1(13\,400 \times 400 + 6\,700 \times 50)/1\,000$
$= 80\,869$
∴ $x = -143 + \sqrt{143^2 + 80\,869}$
$= 175$ mm

例題 10・4 図

換算断面の断面2次モーメント I_e は，

$$I_e = bx^3/3 + nA_s'(x-d')^2 + nA_s(d-x)^2$$
$$= 1\,000 \times 175^3/3 + 7.1 \times 6\,700\,(175-50)^2 + 7.1 \times 13\,400\,(400-175)^2$$
$$= 7.35 \times 10^9 \text{ mm}^4$$
$$\sigma_s = nM_d(d-x)/I_e = 7.1 \times 600 \times 10^6\,(400-175)/7.35 \times 10^9$$
$$= 130 \text{ N/mm}^2$$
$$\sigma_s' = nM_d(x-d')/I_e = 7.1 \times 600 \times 10^6\,(175-50)/7.35 \times 10^9$$
$$= 72.4 \text{ N/mm}^2$$
$$\sigma_c' = M_d x/I_e = 600 \times 10^6 \times 175/7.35 \times 10^9$$
$$= 14.3 \text{ N/mm}^2$$

11 章

ひびわれに対する検討

11・1 一 般

　コンクリート部材は，一般にコンクリートの引張応力を無視して，断面に作用する引張力を鉄筋が受け持つように設計されているので，コンクリートに生ずるひびわれが，直ちに部材の耐力を損なうことにはならない。むしろ，曲げモーメントを受ける鉄筋コンクリート部材においては，使用状態では，断面の引張側にひびわれを発生しているのが普通である。しかし，過大なひびわれは，鉄筋コンクリート部材にとって，以下のような使用上の不都合を生ずる可能性があるので，避ける必要がある。

(1) ひびわれから水あるいは空気が侵入し，コンクリート中の鋼材をひびわれのところから腐食させていく。鋼材の表面にさびが発生すると，その体積が増し，その膨張圧によって，かぶりコンクリートを押し出すようにして，はく落させることがある。かぶりコンクリートがなくなれば，鋼材の腐食がさらに進行することになるので，過大なひびわれによる鋼材の腐食は，美観上望ましくないだけでなく，耐久性の点からも好ましくない。

(2) 気密性あるいは水密性を必要とする構造物では，断面を貫通するひびわれは，機能上好ましくない。

(3) 構造物の美観が特に重要な場合には，過大なひびわれは好ましくない。

　以上のことを考慮して，コンクリート部材の設計では，使用限界状態の一つ

として以下のひびわれ限界状態を設定し，これに対する検討を行うのである．
(1) 引張応力を生ずる限界状態
(2) ひびわれ発生の限界状態
(3) ひびわれ幅の限界状態

なお，(1)および(2)はプレストレストコンクリートに関する限界状態である．

コンクリート中の鋼材は，良質なコンクリートによって保護されている限り，一般に，さびるおそれはなく，コンクリート構造物は極めて耐久的である．コンクリートにひびわれが発生しても，鋼材のかぶりが十分大きく，ひびわれ幅がある限度以下であって，空気あるいは水分のひびわれを通じての移動が困難な場合には，環境条件が悪くないかぎり鋼材がさびるおそれは少ない．しかし，かぶりが小さく，ひびわれ幅が大きい場合には，ひびわれを通しての空気あるいは水分の移動が容易となり，ひびわれ位置における鋼材は，ひびわれを通じて外気と接することになる．この場合には，その部分の鋼材のさびの発生が促され，さびの発生による鋼材の膨張は，かぶりコンクリートをはく落させることもあって，構造物の美観のみならず，耐久性も損なわれるのである．コンクリートに生ずるひびわれ幅の大小は，コンクリート中の鋼材の腐食，ひいてはコンクリート構造物の耐久性にとって極めて重要な問題であって，ひびわれ幅の限界状態は使用限界状態の一つとなるのである．

11・2　許容ひびわれ幅

ひびわれ幅の限界状態を規定する許容ひびわれ幅として，いくつかの提案があるが，いずれもコンクリート構造物が置かれる環境条件に対応した値である．通常の環境下では $0.2 \sim 0.3\,\mathrm{mm}$，悪い環境下で $0.1 \sim 0.2\,\mathrm{mm}$，著しく悪い環境下で $0 \sim 0.1\,\mathrm{mm}$ 程度の値である．これらの値は，通常の鉄筋コンクリートに対する値であって，緊張された鋼材は応力腐食の影響があるので，プレストレストコンクリートに対してはもう少し小さい値となる．なお，これらの値はコン

クリート表面におけるひびわれ幅の許容値である。

　鋼材の腐食は，コンクリート表面におけるひびわれ幅によって影響を受けるだけでなく，コンクリート表面から鋼材に達するまでに至るコンクリート内部におけるひびわれの幅とその長さの影響を受ける。したがって，鋼材表面からコンクリート表面までの距離，すなわち，かぶり厚さが，ひびわれの入ったコンクリートにおいても，鋼材の腐食に重要な意味を持つのである。後述するように，かぶり厚さは，表面のひびわれ幅の大きさに強い影響を与えるので，表面のひびわれ幅を小さくするには，かぶり厚さを小さくするのが最も効果的である。しかし，それが鉄筋の腐食防止に有効であるとは必ずしもいえないのである。

　以上のことから，ひびわれ幅の限界状態に対する検討として，コンクリート表面におけるひびわれ幅を，環境条件に対応する制限幅以下とする方法をとることは，構造物の耐久性の観点からは極めて拙劣な方法である。少なくともコンクリート表面におけるひびわれ幅の制限値はかぶりの関数とする必要がある。

　ひびわれ幅は，永久荷重作用下では，時間の経過と共に増加するだけでなく，ひびわれが常に開いている状態は，鋼材の腐食に対して厳しい条件となる。これに対して，変動荷重の場合には，その作用期間が短ければ，鋼材腐食の機会も減少する。

　以上のことを考慮すると，環境条件，鋼材の種別（異形鉄筋，PC 鋼材），常時作用する鋼材の応力度，かぶり厚さなどに対応して，ひびわれ幅を制限する方法が適当と思われる。それで，示方書では表 11・1 のような許容ひびわれ幅を与えているのである。なお，このように，許容ひびわれ幅をかぶりに応じて

表 11・1　許容ひびわれ幅（示方書）

鋼材の種類	鋼材の腐食による環境条件		
	一般の環境	腐食性環境	特に厳しい腐食性環境
鉄　筋	$0.005\,c$	$0.004\,c$	$0.0035\,c$
PC 鋼材	$0.004\,c$	──	──

変化させているのは，我が国だけである．

ここに，c はかぶり厚さである．

環境条件の代表例は，次のように考え，構造物の置かれる条件その他を考慮して，設計上の環境区分を定めるのがよい．

一般の環境：通常の屋外や土中

腐食性環境：海水中

特に厳しい腐食性環境：干満滞や飛沫滞

11・3　曲げひびわれ幅の算定式

鉄筋コンクリート部材におけるひびわれ幅は，引張鉄筋の応力度に比例するので，低い降伏強度の鉄筋を用いている間は，ひびわれ幅が実際上問題となることは少なかった．しかし，高い降伏強度の鉄筋が用いられるようになると，鉄筋コンクリート部材の設計にとって極めて重要な問題となり，研究も活発に行われてきた．その結果，ひびわれ幅の算定式に関して，多くの提案が行われてきたが，現在に至っても，多くの人を納得させ得る理論的裏付けを持った提案はないといっても過言ではない．

鉄筋コンクリート部材に曲げモーメントを作用させると，最初に発生するひびわれは，引張縁コンクリートに作用する曲げ引張応力によるものである．曲げモーメントの増加に伴い，ひびわれの数が増加し，ひびわれ間隔が減少していくに従い，ひびわれとひびわれとの間にはさまれたコンクリートの引張縁付

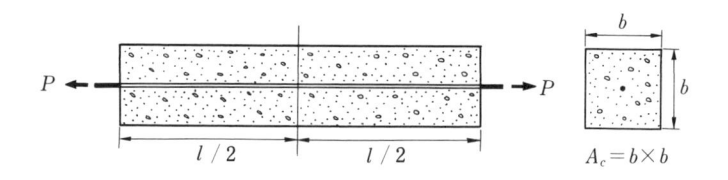

図 11・1　両引き試験

11・3 曲げひびわれ幅の算定式

近の応力に対する圧縮部曲げ応力の影響が弱まっていく。その結果，新たに生じるひびわれは，主として鉄筋との付着によって鉄筋周囲のコンクリートに伝達される引張力に起因するようになる。鉄筋からコンクリートに伝達される力が増加しなくなると，鉄筋周囲のコンクリートの引張応力も増加しなくなり，2次的な微小ひびわれを除いてもはや新なひびわれは生じなくなる。

この状態は，鉄筋の周囲だけをとりだすと，図 11・1 に示すようなコンクリート中に埋込んだ鉄筋を，その両端から引張った両引き試験の状態に類似している。そこで，議論を簡単にするために，正方形のコンクリート断面の中心に，鉄筋1本が埋め込まれている状態を考えることにすると，2本のひびわれの中央の断面における力の釣合いから，式 (11・1) が得られる。

$$\tau_b u l/2 = \sigma_{ct} A_c \qquad (11 \cdot 1)$$

ここに，τ_b はひびわれ間の平均付着応力度，u は鉄筋の断面周長であって，左辺は $l/2$ の区間における付着によって，鉄筋表面からコンクリートに伝達される引張力である。A_c はコンクリートの断面積，σ_{ct} は中央の断面においてコンクリートに作用する引張応力度のその断面における平均値であって，右辺はコンクリートに作用する引張力である。

付着応力度 τ_b とひびわれ位置における鉄筋の引張力 P との関係は，図 11・2 に示すようであって，τ_b は最初 P の増加とともにほぼ直線的に増加するが，

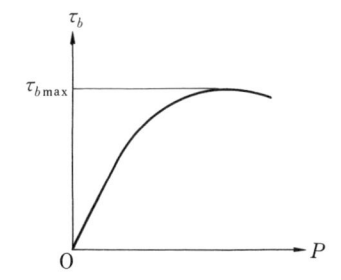

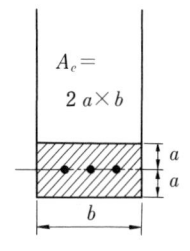

図 11・2 平均付着応力度　　図 11・3 コンクリートの有効断面積 A_c

次第に勾配が緩やかになり，最大値 $\tau_{b\max}$ に達した後は徐々に減少する。ひびわれ間隔が定常状態になるのは，τ_b が $\tau_{b\max}$ に達してからである。また，σ_{ct} が kf_t に達すると，ひびわれとひびわれとの間に，新たなひびわれが生ずると考えられるので，ひびわれ間隔の最大値 $l_{\max}$ は式 (11・2) で表されることになる。ここに，k は中央断面におけるコンクリートの引張応力度の分布に関する係数であって，均一な応力分布となる場合 1 となるものである。

$$l_{\max} = \frac{2kf_t A_c}{\tau_{b\max} u} \qquad (11 \cdot 2)$$

この式は，正方形のコンクリート断面の中心に埋込まれている 1 本の鉄筋を引張る，いわゆる両引き試験の状態を考えて導かれたものである。したがって，断面中心に対称な位置に鉄筋が配置されている部材が，純引張力を受ける場合，たとえば円筒シェルにおける面内力のような場合に対しては，そのまま適用できるものである。しかし，一般の曲げ部材の引張側に適用するためには，鉄筋から伝達される引張力を受けることのできるコンクリートの有効な範囲，すなわち，式 (11・2) における A_c の代わりに用いる有効断面積 A_e を定める必要がある。最も簡単な方法は，引張鉄筋の重心と同じ所を重心とするコンクリートの断面を有効断面とすることであって，一般的に用いられている方法である。

ひびわれ間隔が与えられると，ひびわれ幅 w は式 (11・3) によって表すことができる。

$$w = (\varepsilon_{sa} - \varepsilon_{ca}) l \qquad (11 \cdot 3)$$

ここに，
　　　ε_{sa} および ε_{ca}：ひびわれ間の鉄筋の平均ひずみおよびコンクリート表面の平均ひずみである。

鉄筋の平均応力度 σ_{sa} とコンクリートの平均応力度 σ_{ta} との間には，次の関係があるので，鉄筋の平均ひずみ ε_{sa} は式 (11・4) で表される。

$$\sigma_{sa} A_s = \sigma_s A_s - \sigma_{ta} A_e$$

$$\varepsilon_{sa} = \frac{\sigma_{sa}}{E_s} = \frac{1}{E_s}\left(\sigma_s - \sigma_{ta}\frac{A_e}{A_s}\right)$$

$$= \frac{\sigma_s}{E_s}\left(1 - \frac{\sigma_{ta}}{\sigma_s p_e}\right) \qquad (11\cdot 4)$$

ここに，

$p_e = A_s/A_e$

σ_s：ひびわれ位置の鉄筋応力度であって，コンクリートの引張応力を無視して計算する場合の値である。

σ_{ta}：ひびわれ間のコンクリートに作用する引張応力度をコンクリート有効断面積 A_e における平均応力度に換算し，これをひびわれ間にわたって平均したものである。

σ_s と ε_{sa} との関係は，図 11・4 に示すようであって，ひびわれ発生後 ε_{sa} は次第に σ_s/E_s に近づくが，σ_s がある値以上となると，その近づき方は非常に緩くなり，式 (11・4) における σ_{ta} は次第に一定値に近づくことになる。σ_{ta} の値は，荷重の繰り返しその他の影響によっても異なるので，示方書では，簡単かつ安全であることを考慮して，0 として計算することにしている。また，式 (11・3) における ε_{ca} として，コンクリートの乾燥収縮ひずみ $\varepsilon_{cs}(-\varepsilon'_{cs})$ をとることにしている。したがって，ひびわれ間隔 l とひびわれ幅 w との関係は，式 (11・5) のようになる。

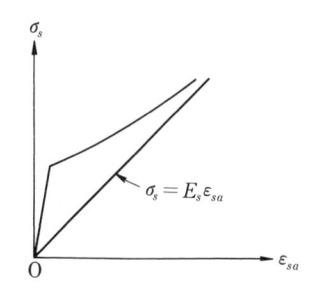

図 11・4　σ_s と σ_a との関係

$$w = \left(\frac{\sigma_s}{E_s} + \varepsilon'_{cs}\right)l \qquad (11\cdot 5)$$

示方書では内外の研究成果を参照して，

$$l = 4c + 0.7(c_s - \phi) \qquad (11\cdot 6)$$

を与えている。ここに，

c：かぶり

c_s：鉄筋の中心間隔

ϕ：鉄筋の直径

ε'_{cs}：コンクリートの乾燥収縮ひずみ，一般に 150×10^{-6} としてよい。

〔例題 11・1〕

右図の断面（単位は mm）において，鉄筋応力度が $1\,200\ \mathrm{kgf/cm^2}$ となる時のひびわれ幅を求めよ。ただし，鉄筋は D19，$\varepsilon'_{cs} = 150 \times 10^{-6}$ とする。また，許容ひびわれ幅と比較せよ。

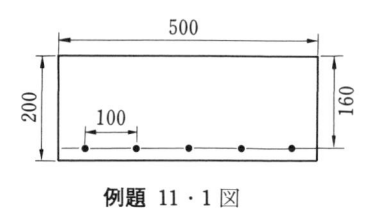

例題 11・1 図

〔解〕

かぶり $c = h - d - \phi/2 = 200 - 160 - 19/2$
$\qquad = 30.5\ \mathrm{mm}$

ひびわれ間隔 $l = 4c + 0.7(c_s - \phi) = 4 \times 30.5 + 0.7(100 - 19)$
$\qquad = 179\ \mathrm{mm}$

ひびわれ幅 $w = (\sigma/E_s + \varepsilon'_{cs})\,l$
$\qquad = (120/200 \times 10^3 + 150 \times 10^{-6}) \times 179$
$\qquad = 0.13\ \mathrm{mm}$

許容ひびわれ幅は，

一般の環境：$0.005\,c = 0.153\ \mathrm{mm} > w$

腐食性環境：$0.004\,c = 0.122\ \mathrm{mm} < w$

特に厳しい腐食性環境：$0.0035\,c = 0.107\ \mathrm{mm} < w$

であって，一般の環境の場合には許容ひびわれ幅以下であるが，それ以外の場合は許容ひびわれ幅以上である。

12 章

疲 労 設 計

12・1 一 般

合理的な**疲労設計法**には,
(1) 安全性の検討方法
(2) 疲労荷重のモデル化の方法
(3) 疲労荷重に対する応答解析法
(4) 単一荷重を対象とする材料の疲労強度あるいは疲労寿命の算定式
(5) 疲労の蓄積に関する被害則

などが記述される必要がある。

疲労に対する安全性の検討には, 大きく分けて二つの方法がある。一つは橋梁などを対象としたもので, 作用断面力（振幅表示）の断面疲労耐力（振幅表示）に対する比を許容値 $(1/\gamma_i)$ 以下とする方法である。

$$S_{rd}/R_{rd} \leq 1/\gamma_i \qquad (12・1)$$

ここに, R_{rd} は断面の設計疲労耐力, S_{rd} は設計作用断面力である。

もう一つの方法は海洋構造物などを対象としたもので, 疲労被害の蓄積の程度を示すインデックスの値を許容値以下 $(1/\gamma_i)$ とする方法である。

$$M(n_i/N_i) \leq 1/\gamma_i \qquad (12・2)$$

ここに, n_i はある作用断面力の繰返し数, N_i はその断面力が作用するときの破壊までの繰返し数である。疲労の蓄積に関する被害則としては, 現在のとこ

ろ**直線被害則**が用いられている。直線被害則は，任意の応力振幅 f_{ri} ($i=1,2,……,n$) の下での破壊までの繰返し載荷回数が，それぞれ N_i ($i=1,2,……,n$) であるとき，実際に作用する繰返し載荷回数がそれぞれ n_i であれば，次式が成立するとき，疲労破壊を生ずるというものである。

$$\sum (n_i/N_i) = 1 \qquad (12\cdot3)$$

海洋構造物に対する波のように，主な**疲労荷重**が自然作用の場合には，観測データに基づいて，統計的な方法により疲労荷重のモデル化を図るのが普通である。この場合，疲労荷重は，その大きさと回数とを何段階かのブロックに分けてモデル化される。このようにすれば，疲労設計の精度を上げることができる。北海に設置された海洋構造物では，疲労が厳しい設計条件となるので，この方法を採用するメリットが大きく，その設計に採用されている。

疲労設計における応答解析は，作用荷重のレベルが比較的小さいので，通常行われている弾性計算でよいが，対象によっては，繰返し載荷の影響による内力の変化を考慮に入れる必要がある。せん断補強鉄筋の応力度はその影響の顕著な例である。

12・2　コンクリートの疲労強度

一定の繰返し載荷（最大応力度および最小応力度一定）を受けるコンクリートの破壊までの載荷回数 N と応力レベル S との関係は，式 (12・4) の形に表されている。すなわち，コンクリートの $S-N$ 関係は，片対数グラフ上で直線で表されるとしている（図 12・1 参照）。

$$\log N = k\left(\frac{1-S_o}{1-S_u}\right) = k\left(1-\frac{S_r}{1-S_u}\right) \qquad (12\cdot4)$$

ここに，S_o：作用最大応力度と強度との比
　　　　S_u：作用最小応力度と強度との比
　　　　$S_r = S_o - S_u$

k：片対数グラフ上でのS-N曲線の勾配に関する定数

　この式は，圧縮・引張り・曲げのいずれに対しても用いてよいものであるが，圧縮疲労以外のデータは，圧縮疲労のデータに比べて少ない。示方書では，圧縮疲労に関する実験結果に基づいて，定数kの値を生存確率が50％に対応する17としている。疲労強度のばらつきは静的強度のばらつきよりも大きくはないので，静的強度に設計強度を採れば，疲労強度も設計用の値が得られることになる。

　すなわち，

コンクリートの設計疲労強度

$$f_{crd} = f_{cd}(1 - \sigma_{cp}/f_{cd})(1 - \log N/k) \qquad (12 \cdot 5)$$

　ここに，

f_{crd}：コンクリートの設計疲労強度

f_{cd}：コンクリートの設計強度

　　　ただし，一軸圧縮強度の場合は，$0.85 f'_{cd}$（2章参照）

σ_{cp}：永久荷重による設計作用応力度

k：定数で，一般に17としてよい。

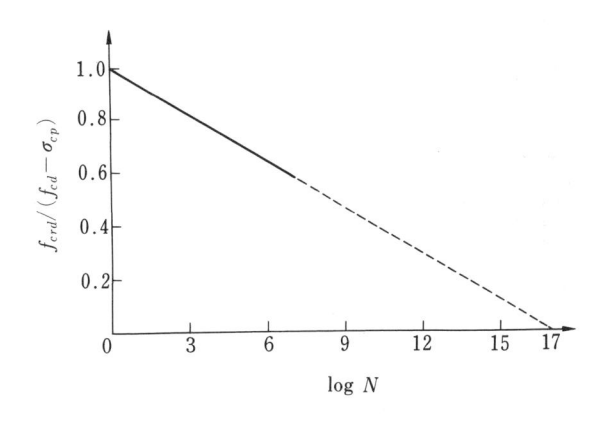

図 12・1　コンクリートのS-N関係（示方書）

水中ではコンクリートの疲労強度が著しく低下することが指摘されている。また，軽量コンクリートの疲労強度が普通コンクリートよりも小さくなるとするデータもある。それで，示方書では，水中にある場合および軽量コンクリートの場合に対して，安全を見て k を10とするように規定している。

12・3　鉄筋の疲労強度

鉄筋の疲労強度が我が国で問題とされ始めたのは昭和36年ころで，異形鉄筋は疲労強度が劣るため，東海道新幹線に用いる鉄筋としては不適当であると指摘されてからである。それを契機として活発な研究が行われ，異形鉄筋の疲労については，我が国が世界を一歩リードしてきた。

鉄筋の場合もコンクリートの場合と同様，その疲労強度は，応力振幅のほかに最大または最小応力度の影響を受けるが，その影響はコンクリートの場合よりも小さいことが認められており，鉄筋の疲労強度と疲労破断までの載荷回数との関係は，両対数グラフ上で直線となると考えられている（図 12・3 参照）。

$$\log[f_{srd}/(1-\sigma_{sp}/f_{ud})] = A - B\log N \qquad (12・6)$$

図 12・2　異形鉄筋の疲労破断　　図 12・3　鉄筋の $S-N$ 曲線（示方書）

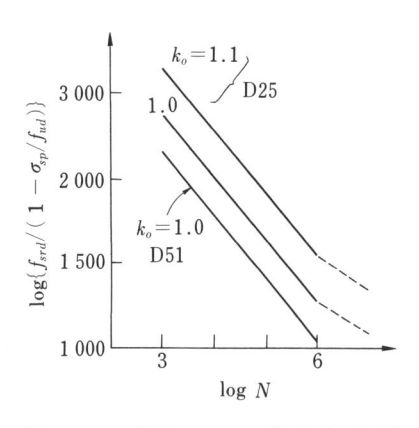

また，鉄筋の疲労強度は，直径が大きくなるにつれて次第に低下していくので，それを考慮して，示方書には異形鉄筋の疲労強度算定式として，式 (12・7) を与えている。この式は，式 (12・6) を書き直したものである。

異形鉄筋の設計疲労強度

$$f_{srd} = 190(1 - \sigma_{spd}/f_{ud})(10^a/N^k)/\gamma_s \qquad (12・7)$$

ここに，

f_{srd}：鉄筋の設計疲労強度，単位は N/mm²

σ_{spd}：鉄筋に作用する最小応力度

f_{ud}：鉄筋の設計引張強度

$k = 0.12$

$a = k_o(0.81 - 0.003\,\phi)$

ϕ：鉄筋直径（呼び径）(mm)

γ_s：鉄筋の疲労強度に関する材料係数，一般に 1.05 としてよい。

k_o：鉄筋のふしの形状に関する係数，一般に 1.0 としてよい。

異形鉄筋の疲労強度は，そのふしの形によっても著しく異なることが明らかにされているので，疲労に対する条件が厳しい場合には，用いる鉄筋を限定することによって，k_o の値を

(1) ふしの付け根に円弧のないものでふしと鉄筋軸とのなす角度が 60°未満のもの：**1.05**

(2) ふしの付け根に円弧のあるもの：**1.10**

とすることができる。

なお，式 (12・7) は，破壊までの繰返し回数が 200 万回程度以下のデータに基づいて求めたものである。それ以上の繰返し回数では，勾配が小さくなるので，設計ではこの範囲の勾配をそれ以前の 1/2 程度とするのが，現段階では実用的であろう。

曲げ加工した部分の疲労強度は著しく劣ることが認められている。曲げ加工

した部分の疲労強度が低下する原因は,曲げた部分を引張ると,曲げの内側に大きい引張応力が作用し,外側にはほとんど応力が作用しないためである。実際に,疲労破断は,例外なく曲げの内側を起点としている。したがって,曲げ加工による疲労強度の低下は,鉄筋の直径,曲げ内半径,曲げ角度などによって異なることになる。現在のところ定量化されるまでには至っていないが,直線部分の1/2～2/3の疲労強度と考えてよいであろう。

鉄筋を**溶接**あるいは**機械加工**すると,疲労強度が低下することが知られており,どんな継手も疲労強度は母材よりも劣る。例えば,ガス圧接継手の場合では母材の疲労強度の70％程度となる。

12・4 はりの曲げ疲労

曲げモーメントによる鉄筋およびコンクリートに作用する応力度は,繰返し載荷による内力の変化が比較的小さいので,その影響を無視して求めてよい。また,はりの引張鉄筋の断面には一様な引張応力が作用していると考えても大きな間違いではないので,引張鉄筋の応力度 σ_s と断面に作用する曲げモーメント M との間には,次の関係がある(10章参照)。

$$M = A_s \sigma_s z$$

したがって,引張鉄筋の疲労破断による断面の設計疲労耐力は式(12・8)となる。なお,**安全性の検討**は,式(12・9)によって行うことになる。なお,鉄筋の応力度は曲げモーメントに比例するので,式(12・9)は式(12・10)と等価である。

引張鉄筋の疲労破断による断面の設計疲労耐力

$$M_{srd} = A_s f_{srd} z / \gamma_b \tag{12・8}$$

ここに,

A_s：引張鉄筋の断面積

f_{srd}：鉄筋の設計疲労強度（N/mm²）で，式（12・7）による。
z：応力中心間距離（10章参照）
γ_b：部材係数
終局限界状態の検討を行う場合より幾分小さい値とするのがよい。

引張鉄筋の疲労破断に対する安全性の検討

$$\gamma_i M_{rd}/M_{srd} \leqq 1.0 \qquad (12 \cdot 9)$$

または，

$$\gamma_i \sigma_{srd}/(f_{srd}/\gamma_b) \leqq 1.0 \qquad (12 \cdot 10)$$

ここに，

M_{rd}：設計疲労荷重による設計曲げモーメント $= \gamma_a(F_{rd})$
σ_{srd}：設計疲労荷重による鉄筋応力度 $= M_{rd}/(A_s z)$
γ_i：構造物係数，一般に 1.0 としてよい。
γ_a：構造解析係数，一般に 1.0 としてよい。

コンクリートの圧縮疲労強度は，応力勾配があると，見掛け上強くなることが知られている。それで，弾性計算によって応力度を計算し，式（12・11）のように，応力度に基づいて安全性を検討する場合には，示方書では，三角形分布の応力の合力位置と同じ位置に合力位置がくるようにした矩形応力分布の応力度で検討することにしている。

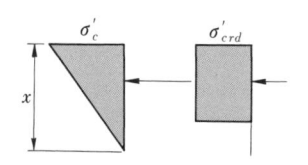

短形断面の場合

$\sigma'_c x/2 = \sigma'_{crd}(2/3)x$

図 12・4　検討応力度

コンクリートの圧縮疲労破壊に対する検討

$$\gamma_i \sigma'_{crd}/(f''_{crd}/\gamma_b) \leqq 1.0 \qquad (12 \cdot 11)$$

ここに,

f''_{crd}：コンクリートの設計一軸圧縮疲労強度
$= 0.85 f'_{cd}(1-\sigma'_{cp}/f'_{cd})(1-\log N/k)$

σ'_{crd}：三角形分布の応力の合力位置と同じ位置に合力位置がくるようにした矩形応力分布の応力度（図 12・4 参照）。

k：定数で，一般に17としてよい。

12・5　はりのせん断疲労

せん断補強鉄筋を用いない棒部材の設計疲労耐力は，コンクリートの疲労強度と同様に，式（12・12）の形に表されると考えてよい。既往の研究成果を参考にして，示方書では図 12・5 における勾配を表す係数の値を11としている。この値は，一般のコンクリート自身の疲労強度の場合の値17よりも相当に小さい。しかし，せん断補強鉄筋を用いないスラブ，フーチング，擁壁などでは，疲労が問題となることは一般にない。

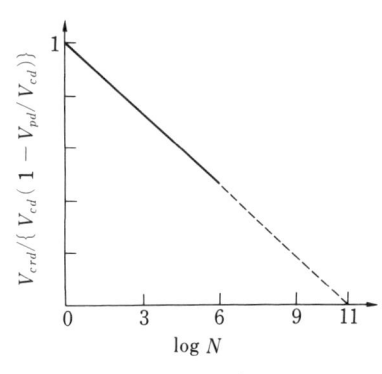

図 12・5　せん断疲労耐力

$$V_{crd} = V_{cd}(1-V_{pd}/V_{cd})(1-\log N/11) \qquad (12\cdot 12)$$

ここに,

V_{crd}：設計せん断疲労耐力

V_{cd}：設計斜めひびわれ耐力，式（7・6）による。

V_{pd}：永久荷重による設計作用せん断力

なお，安全係数 γ_c および γ_b を終局限界状態の検討に用いる場合の値と同じ

値を用いることにすると，これらは V_{cd} を求める際に含まれている．

　疲労が問題となるような部材には，一般にせん断補強鉄筋が用いられているので，その疲労破断に対する安全性を確認しておく必要がある．せん断補強鉄筋の応力度は，繰返し荷重の影響で，著しく増加することが知られている．図 12・6 は 100 万回以上の載荷を受けた後における応力度と第 1 回目の載荷時の応力度とを模式的に表したものである．第 1 回目の載荷時におけるせん断補強鉄筋に生ずる応力度 σ_{wd} とせん断力 V_d との関係は，実用上式 (12・13) で表されると考えてよい．また，100 万回以上の繰返し載荷を受けた後のせん断補強鉄筋に生ずる応力度 σ_{wmd} と繰返しの最大せん断力 V_{md} との関係は，式 (12・14) で表されるとしてよい．

$$V_d = V_{cd} + A_w \sigma_{wd}(z/s)(\sin\alpha + \cos\alpha) \qquad (12・13)$$

$$V_{md} = 0.5 V_{cd} + A_w \sigma_{wmd}(z/s)(\sin\alpha + \cos\alpha) \qquad (12・14)$$

$$\therefore \quad \sigma_{wmd} = \frac{V_{md} - 0.5 V_{cd}}{A_w(z/s)(\sin\alpha + \cos\alpha)} \qquad (12・15)$$

ここに，

$$V_{md} = V_{pd} + V_{rd}$$

また，

$$\sigma_{wrd} = \sigma_{wmd} V_{rd}/(V_{cd} + V_{md}) \qquad (12・16)$$

$$\sigma_{wpd} = \sigma_{wrd}(V_{cd} + V_{pd})/V_{rd} \qquad (12・17)$$

　ここに，

V_{cd}：設計斜めひびわれ耐力，式 (7・6) による．

V_{pd}：永久荷重による設計作用せん断力

V_{rd}：疲労荷重による設計作用せん断力

σ_{wpd}：永久荷重によるせん断補強鉄筋の応力度

σ_{wrd}：疲労荷重によるせん断補強鉄筋の応力度

A_w：一組のせん断補強鉄筋の断面積

z：応力中心間距離

s：せん断補強鉄筋の間隔
α：せん断補強鉄筋と部材軸とのなす角度

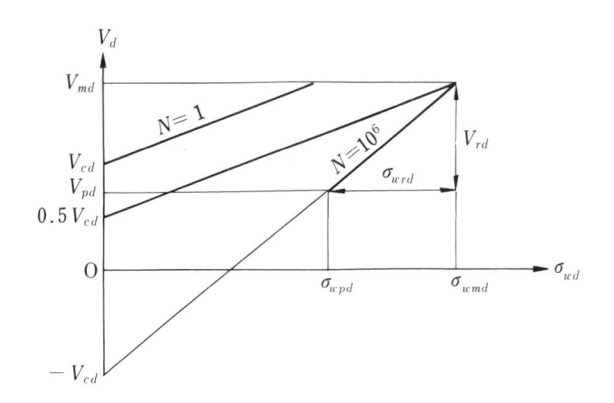

図 12・6 せん断補強鉄筋の応力度

また，鉛直スターラップと軸方向と α の角度をなす折曲鉄筋とを併用する場合には，次のようになる。

$$V_{md}=0.5V_{cd}+A_w\sigma_{wmd}(z/s)+A_b\sigma_{bmd}(z/s_b)(\sin\alpha+\cos\alpha) \quad (12\cdot18)$$

ただし，

$$\sigma_{wmd}=\sigma_{bmd}/(\sin\alpha+\cos\alpha)^2 \quad (12\cdot19)$$

$$\therefore\ \sigma_{bmd}=\frac{V_{md}-0.5V_{cd}}{A_w(z/s)/(\sin\alpha+\cos\alpha)^2+A_b(z/s_b)(\sin\alpha+\cos\alpha)}$$

$$(12\cdot20)$$

したがって，

$$\sigma_{brd}=\sigma_{bmd}V_{rd}/(V_{cd}+V_{md}) \quad (12\cdot21)$$

$$\sigma_{wrd}=\sigma_{brd}/(\sin\alpha+\cos\alpha)^2 \quad (12\cdot22)$$

$$\sigma_{bpd}=\sigma_{brd}(V_{cd}+V_{pd})/V_{rd} \quad (12\cdot23)$$

$$\sigma_{wpd}=\sigma_{wrd}(V_{cd}+V_{pd})/V_{rd} \quad (12\cdot24)$$

ここに，

σ_{wpd}：永久荷重によるスターラップの応力度

σ_{wrd}：疲労荷重によるスターラップの応力度

σ_{bpd}：永久荷重による折曲鉄筋の応力度

σ_{brd}：疲労荷重による折曲鉄筋の応力度

A_w：間隔 s の間にあるスターラップの断面積

A_b：間隔 s_b の間にある折曲鉄筋の断面積

せん断補強鉄筋の疲労破断に対する安全性の検討は次式で行えばよい。

$$\gamma_i \sigma_{brd} / (f_{brd}/\gamma_b) \leq 1.0$$

$$\gamma_i \sigma_{wrd} / (f_{wrd}/\gamma_b) \leq 1.0$$

f_{brd} および f_{wrd} は，それぞれ折曲鉄筋およびスターラップの設計疲労強度であって，式 (12・7) で求められる鉄筋の設計疲労強度の 1/2〜2/3 とする必要がある。それは，せん断補強鉄筋の疲労破断は，折曲部で起こりやすいこと，また，直線部で破断する場合でも，斜めひびわれの影響で破断部には曲げが作用しているからである。

〔**例題 12・1**〕

単鉄筋矩形断面（$b = 1\,000$ mm，$d = 400$ mm，$A_s = 6\,350$ mm^2）において，変動荷重による曲げモーメント 200 kN·m に換算した等価繰越し回数 N_{eq} を求めよ。ただし，永久荷重による曲げモーメント M_p および変動荷重による曲げモーメント M_i とその繰返し回数 n_i は次のとおりとする。なお，簡単のために，式 (12・5) および式 (12・7) をそのまま延長して用いてもよいとする。

$M_p = 100$ kN·m

$M_1 = 100$ kN·m，$n_1 = 10^8$ 回

$M_2 = 150$ kN·m，$n_2 = 10^7$ 回

$M_3 = 200$ kN·m，$n_3 = 10^6$ 回

$M_4 = 250$ kN·m，$n_4 = 10^5$ 回

鉄筋：$f_{ud} = 500$ N/mm^2，D 19　　コンクリート：$f'_{ck} = 30$ N/mm^2

安全係数：$\gamma_c = 1.3$，$\gamma_s = 1.05$，$\gamma_b = 1.1$，$\gamma_a = 1.0$，$\gamma_t = 1.0$

〔**解**〕

等価繰返し回数は $S-N$ 曲線の形によって異なる。鉄筋の疲労破断とコンクリートの

疲労圧縮破壊とは，S－N曲線の形が異なるので，等価繰返し回数はそれぞれ別個に求める必要がある．

(1) **鉄筋の疲労破断の検討に用いる等価繰返し回数**

鉄筋の設計疲労強度として，式（12・7）を用い，それぞれの応力レベルでの鉄筋疲労破断までの繰返し回数を N_i とする．直線被害則を適用すると，

$$N_{eq} = N_3(n_1/N_1 + n_2/N_2 + n_3/N_3 + n_4/N_4)$$
$$= n_1(N_3/N_1) + n_2(N_3/N_2) + n_3 + n_4(N_3/N_4)$$

鉄筋の応力度は曲げモーメントに比例するので，

$$N_3/N_i = \left\{\frac{190(1-\sigma_{spd}/f_{ud})10^\alpha/\sigma_{s3}}{190(1-\sigma_{spd}/f_{ud})10^\alpha/\sigma_{si}}\right\}^{1/k}$$
$$= (\sigma_{si}/\sigma_{s3})^{1/k} = (M_i/M_3)^{1/k}$$

ここに，$k = 0.12$

$$N_{eq} = 10^8\left(\frac{100}{200}\right)^{\frac{1}{0.12}} + 10^7\left(\frac{150}{200}\right)^{\frac{1}{0.12}} + 10^6 + 10^5\left(\frac{250}{200}\right)^{\frac{1}{0.12}}$$
$$= 10^6(0.310 + 0.910 + 1 + 0.642) = 2.86 \times 10^6$$

(2) **コンクリートの圧縮疲労破壊の検討に用いる等価繰返し回数**

三角形分布の応力の合力位置と同じ位置に合力位置がくるようにした矩形応力分布の応力度は，圧縮縁応力度の 3/4 となるので，永久荷重による応力度 σ'_{cp} は，

$$\sigma'_{cp} = (3/4)2M_D/(kjbd^2)$$

ここに，

$p = A_s/(bd) = 6\,350/(1\,000 \times 400) = \mathbf{0.015\,9}$

$np = 7.1 \times 0.015\,9 = 0.113$

$k = np(-1 + \sqrt{1+2/(np)}) = 0.113(-1 + \sqrt{1+2/0.113}) = \mathbf{0.376}$

$j = 1 - k/3 = 1 - 0.376/3 = \mathbf{0.875}$

∴ $\sigma'_{cp} = (3/4)2 \times 100 \times 10^6/(0.376 \times 0.875 \times 1\,000 \times 400^2) = \mathbf{2.85\,N/mm^2}$

また，変動荷重による応力度は，それぞれ以下のようになる．

$\sigma'_{c1} = 2.85\,N/mm^2$

$\sigma'_{c2} = 4.28\,N/mm^2$

$\sigma'_{c3} = 5.71\,N/mm^2$

$\sigma'_{c4} = 7.14\,N/mm^2$

コンクリートの設計疲労強度として，式（12・5）を用いると，

$N_i = 10^{17(1-\sigma'_{ct}/f'_{crd})}$

∴ $N_3/N_i = 10^{17(\sigma'_{ct}-\sigma'_{c3})/f'_{crd}}$

ここに，

$f'_{cd} = f'_{ck}/\gamma_c = 30/1.3 = 23.1 \text{ N/mm}^2$

$f'_{crd} = 0.85 f'_{cd}(1-\sigma'_{cp}/f'_{cd})$

$= 0.85 \times 23.1(1-2.86/23.1) = 17.2 \text{ N/mm}^2$

∴ $n_1(N_3/N_1) = 10^8 \cdot 10^{17(2.85-5.71)/17.2} = 10^{5.18} = 0.150 \times 10^6$

$n_2(N_3/N_2) = 10^7 \cdot 10^{17(4.28-5.28)/17.2} = 10^{5.58} = 0.387 \times 10^6$

$n_4(N_3/N_4) = 10^5 \cdot 10^{17(7.14-5.71)/17.2} = 10^{6.41} = 2.58 \times 10^6$

∴ $N_{eq} = (0.150+0.387+1+2.58) \times 10^6 = 4.12 \times 10^6$

〔**例題 12・2**〕

例題 12・1 について，断面の曲げ疲労破壊に対する安全性の検討を行え。

〔**解**〕

(1) **鉄筋の疲労破断に対する検討**

例題 12・1 より，$p = 0.0159$，$j = 0.875$ であるので，

$A_s jd = 6350 \times 0.875 \times 400 = 2.22 \times 10^6$

$\sigma_{sp} = M_D/A_s jd = 100 \times 10^6/2.22 \times 10^6 = 45.0 \text{ N/mm}^2$

$N_{eq} = 2.86 \times 10^6$

$a = 0.82 - 0.003 \times 19 = 0.753$

$\sigma_{srd} = M_3/(A_s jd) = 200 \times 10^6/2.22 \times 10^6 = 90.0 \text{ N/mm}^2$

$f_{srd} = 190(1-\sigma_{sp}/f_{ud}) 10^{0.753}/N_{eq}^{0.12}/\gamma_s$

$= 190(1-45.0/500) 10^{0.753}/(2.86 \times 10^6)^{0.12}/1.05$

$= 157 \text{ N/mm}^2$

$\gamma_i \sigma_{srd}/(f_{srd}/\gamma_b) = 1.0 \times 90.0/(157/1.1) = 0.63 \leqq 1.0$

したがって，鉄筋の疲労破断に対して十分に安全である。

(2) **コンクリートの圧縮疲労破壊に対する検討**

コンクリートの圧縮疲労強度は，次式で表せるものとする。

$f'_{crd} = 0.85 f'_{cd}(1-\sigma'_{cp}/f'_{cd})(1-\log N_{eq}/17)$

ここに，例題 12・1 より，

$N_{eq} = 4.12 \times 10^6 : \log N_{eq} = 6.615$

$\sigma'_{cp} = 2.86 \text{ N/mm}^2$

$\sigma'_{crd} = 5.71 \text{ N/mm}^2$

$f'_{cd} = 23.1 \text{ N/mm}^2$

∴ $f'_{crd} = 0.85 \times 23.1(1-2.86/23.1)(1-6.615/17) = \mathbf{10.5 \text{ N/mm}^2}$

$\gamma_i \sigma'_{crd}/(f'_{crd}/\gamma_b) = 1.0 \times 5.71/(10.5/1.1) = \mathbf{0.60} \leq 1.0$

したがって，コンクリートの圧縮疲労破壊に対して十分に安全である．

〔例題 12・3〕

T形断面 ($b = 1\,000$ mm, $b_w = 200$ mm, $d = 400$ mm, $A_s = 1\,940$ mm²) のせん断補強鉄筋の疲労破断に対する安全性を検討せよ．ただし，永久荷重による設計作用せん断力 V_{pd} および変動荷重による設計作用せん断力 V_{rd} とその繰返し回数 N_d は次のとおりとする．

$V_{pd} = 40$ kN, $V_{rd} = 60$ kN, $N_d = 10^6$ 回

スターラップ：鉛直，D13のU型，$f_{yd} = 300$ N/mm², $f_{ud} = 500$ N/mm², 200 mm 間隔

コンクリート：$f'_{ck} = 30$ N/mm²

安全係数：$\gamma_c = 1.3$, $\gamma_s = 1.05$, $\gamma_i = 1.0$

$\gamma_b = 1.3 (V_{cd}$ の算定用), 1.1(鉄筋の疲労強度算定用)

〔解〕

例題 7・3 を参照して，

$V_{cd} = 59.2$ kN : $0.5 V_{cd} = 0.5 \times 59.2 = 29.6$ kN

$V_{md} = V_{pd} + V_{rd} = 40 + 60 = 100$ kN

$A_w = 253$ mm²

$z = d/1.15 = 348$ mm

$\alpha = 90°$

∴ $\sin \alpha + \cos \alpha = 1$

式 (12・15) に，これらの値を代入すると，

$\sigma_{wmd} = (100-29.6) \times 10^3/(253 \times 348/200) = \mathbf{160 \text{ N/mm}^2}$

式 (12・16) より

$\sigma_{wrd} = 160 \times 60/(59.2+100) = \mathbf{60.3 \text{ N/mm}^2}$

$\sigma_{wpd} = 160 - 60.3$
$= 99.7 \text{ N/mm}^2$

次に，スターラップの疲労強度を式（12・7）に準じて求める。ただし，鉄筋母材の60％とする。

$\alpha = 0.81 - 0.003 \times 13 = 0.771$

$f_{wrd} = 0.6 \times 190 (1 - 99.7/500)(10^{0.771}/10^{6 \times 0.12})/1.05$

$= 97.8 \text{ N/mm}^2$

∴ $\gamma_i \sigma_{wrd}/(f_{wrd}/\gamma_b) = 1.0 \times 60.3/(97.8/1.1) = 0.68 \leq 1.0$

〔例題 12・4〕

例題 12・3 において，折曲げ鉄筋のある断面について，せん断補強鉄筋の疲労について検討せよ。なお，折曲げ鉄筋は D22（$f_{ud} = 500\text{N/mm}^2$) 1本を 400 mm 間隔に 45°に曲上げるものとする。ただし，$V_{rd} = 100$ kN とする。

〔解〕

例題 12・3 より

$V_{cd} = 59.2$ kN : $0.5 \, V_{cd} = 0.5 \times 59.2 = 29.6$ kN

$V_{md} = V_{pd} + V_{rd} = 40 + 60 = 100$ kN

$A_w = 253 \text{ mm}^2$: $A_b = 387 \text{ mm}^2$

$z = d/1.15 = 348$ mm

$\alpha = 45°$

∴ $\sin \alpha + \cos \alpha = 2/\sqrt{2}$: $(\sin \alpha + \cos \alpha)^2 = 2$

式（12・20）に，これらの値を代入すると，

$\sigma_{bmd} = \dfrac{(100 - 29.6) \times 10^3}{(253 \times 348/200)/2 + 387 \times 348/400 \times 2/\sqrt{2}}$

$= 101.2 \text{ N/mm}^2$

式（12・19）より，

$\sigma_{wmd} = 101.2/2$

$= 50.6 \text{ N/mm}^2$

式（12・21）より，

$\sigma_{brd} = 101.2 \times 60/(59.2 + 100)$

$= 38.1 \text{ N/mm}^2$

式 (12・22) より,

$\sigma_{wrd} = 38.1/2$

$= 19.1 \text{ N/mm}^2$

図 12・6 より,

$\sigma_{bpd} = 101.1 - 38.1$

$= 63.0 \text{ N/mm}^2$

$\sigma_{wpd} = 50.6 - 19.1$

$= 31.5 \text{ N/mm}^2$

次に,せん断補強鉄筋の疲労強度を式 (12・7) に準じて求める。ただし,鉄筋母材の60%とする。

$\alpha = 0.81 - 0.003 \times 22 = 0.744 : \alpha = 0.81 - 0.003 \times 13 = 0.771$

$f_{brd} = 0.6 \times 190(1 - 63.0/500)(10^{0.744}/10^{6 \times 0.12})/1.05$

$= 100 \text{ N/mm}^2$

$f_{wrd} = 0.6 \times 190(1 - 31.5/500)(10^{0.771}/10^{6 \times 0.12})/1.05$

$= 111 \text{ N/mm}^2$

∴ $\gamma_i \sigma_{brd}/(f_{brd}/\gamma_b) = 1.0 \times 38.1/(900/1.1) = \mathbf{0.42} \leq 1.0$

$\gamma_i \sigma_{wrd}/(f_{wrd}/\gamma_b) = 1.0 \times 19.1/(111/1.1) = \mathbf{0.18} \leq 1.0$

したがって,せん断補強鉄筋の疲労破断に対して安全である。特に,スターラップについては十分な余裕がある。

13 章

プレストレストコンクリート

13・1 一般

　プレストレストコンクリートは，各種構造物に盛んに利用されており，今後ますます発展すると考えられている。プレストレストコンクリートには，材料を有効に生かし，プレストレスを導入することによって部材を自由に接合できるという特徴があるからである。プレストレスを適切に与えることによって，鉄筋コンクリートの使用特性が改善でき，コンクリートを有効に利用できると同時に，高強度の鋼材を有効に利用できるのである。鋼材に引張力を与えた後に，コンクリートに定着すると，その反力によってコンクリートには圧縮応力が与えられる。この圧縮応力を**プレストレス**という。プレストレスとは，あらかじめ与えられた応力という意味である。しかし，プレストレスは，コンクリートのクリープと乾燥収縮とによって，時間経過と共に減少していく。もし，普通の強さの鋼材を用いるとすると，プレストレスはやがてほとんど消失してしまうのである。したがって，プレストレストコンクリートには高強度の鋼材を用いることが不可欠の要件となる。プレストレストコンクリートに用いられる高強度の鋼材のことを **PC 鋼材**という。現在，市販されている PC 鋼材の降伏点強度は，$800 \sim 1550 \, \text{N/mm}^2$ であって，普通の鉄筋の $3 \sim 5$ 倍である。なお，PC 鋼材を単独または数本束ねて緊張できる状態にしたものを**緊張材**という。

高強度の鋼材を用いることは，プレストレストコンクリートが成立するための必要条件であるが，高強度のコンクリートは必ずしも必要条件とはならない。しかし，PC鋼材を定着する場合の反力は，極めて大きい応力度となるので，コンクリートも高強度とするのが経済的となることが多い。

プレストレスを与える時期と方法によって，プレストレストコンクリートは，プレテンション方式とポストテンション方式とに分類される。**プレテンション方式**は，コンクリートを打設する前に緊張材に引張力を与えておき，コンクリートが硬化した後に，与えておいた引張力を緊張材とコンクリートとの付着によってコンクリートに伝えてプレストレスを与える方式である。プレテンション方式は同じものを大量に造るのに適した方式で，工場製品に多い。一方，コンクリートの硬化後に，緊張材に引張力を与え，その端部をコンクリートに定着させてプレストレスを与える方式を**ポストテンション方式**という。

13・2 有効プレストレス

プレストレスを与えた直後におけるある断面の緊張材の引張力を**初期引張力**という。初期引張力は，緊張材の引張端に与えた引張力が，緊張材とシース（ポストテンション方式において，緊張材を収容するためにあらかじめコンクリート中にあけておく穴を形成するための筒）との摩擦，定着具におけるセット量，コンクリートの弾性変形等により，瞬間的に減少することを考慮して算出する。

緊張材引張力のシースとの摩擦による減少は，シースおよびPC鋼材の種類，その配置等によって著しく異なるものであり，緊張材の図心線の角変化に関する項と緊張材の長さに関する項とに分けて表される。一般に，設計断面における緊張材引張力は次式の形で表される。

$$P_x = P_i \exp[-(\mu\alpha + \lambda x)] \qquad (13 \cdot 1)$$

ここに，

P_x：引張端から x の距離の断面における緊張材引張力

P_i：緊張材のジャッキの位置での引張力

μ：角変化1ラジアン当たりの摩擦係数，0.30が一般に用いられている。

α：角変化（ラジアン）

λ：緊張材の単位長さ当たりの摩擦係数 0.004（PC鋼線）または0.003（PC鋼棒）を用いることが多い。

緊張材を定着具に定着するときに，定着具のところで緊張材が引込まれる量を**セット量**という。セット量は定着具の種類によって著しく異なり，ねじ式やボタン式定着では小さいが，くさび式定着の場合には大きくなる。しかし，緊張材とシースとの間に摩擦がある場合には，セット量の影響は定着端付近に限られる。

コンクリートの弾性変形による影響は，プレテンション方式の場合に重要となる。プレテンション方式では，あらかじめ引張っておいた緊張材の引張力をコンクリートの硬化後に解放するが，その瞬間にコンクリートに圧縮応力が導入され，その弾性変形によって緊張材も短縮するからである。ポストテンション方式の場合は緊張材を順次引張っていくが，その場合，各緊張段階でコンクリートには弾性圧縮ひずみが生じる。その際，すでに緊張し，定着されている緊張材の引張力が減少するのである。その減少量は，式（13・2）で計算される。

$$\varDelta\sigma_{pi} = 1/2\, n\, \sigma'_{cpg}(N-1)/N \qquad (13\cdot2)$$

ここに，

N：緊張材の緊張回数

σ'_{cpg}：緊張材図心位置の緊張材引張力によるコンクリート圧縮応力度

n：緊張材とコンクリートのヤング係数比

初期引張力は，コンクリートのクリープ・乾燥収縮および緊張材のリラクセーションの影響によって時間の経過と共に減少していく。

クリープは，一定応力の下で，ひずみが時間と共に増加する現象である。コンクリートの圧縮クリープひずみは，コンクリートが弾性体と考えられる場合には，弾性ひずみに比例するとして，式（13・3）で表される。

$$\varepsilon'_{cc} = \varphi \varepsilon_{cp}$$
$$= \varphi(\sigma'_{cp}/E_{ct}) \qquad (13\cdot 3)$$

ここに，

ε'_{cc}：コンクリートの圧縮クリープひずみ

φ：クリープ係数

E_{ct}：載荷時におけるコンクリートのヤング係数

σ'_{cp}：コンクリートに作用する一定の圧縮応力度

プレストレストコンクリートでは，コンクリートに作用する応力度は一定でなく，時間の経過と共に変化するが，その場合におけるコンクリートのクリープおよび収縮ひずみによる緊張材引張応力度の減少量は，近似的に式(13・4)で計算されている。この式は，σ_{pt}と$(\sigma_{pt}-\Delta\sigma_{pt})$との平均応力が持続的に載荷されるとして求められたものであり，実際よりも大きめの値を与えるものである（図 13・1 参照）。

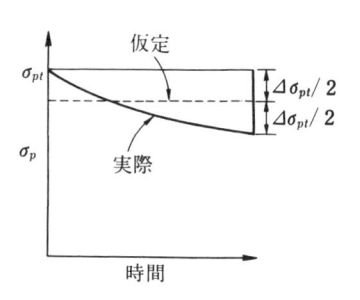

図 13・1 緊張材引張応力度

$$\Delta\sigma_{pcs} = \frac{n\varphi\sigma'_{cp} + E_p\varepsilon'_{cs}}{1 + n\dfrac{\sigma'_{cpt}}{\sigma_{pt}}\left(1 + \dfrac{\varphi}{2}\right)} \qquad (13\cdot 4)$$

ここに，

φ：コンクリートのクリープ係数

プレストレスの減少を計算する場合，一般に表 13・1 の値としてよい。

σ'_{cp}：緊張材図心位置においてコンクリートに作用している持続圧縮応力度

ε'_{cs}：コンクリートの収縮ひずみ

乾燥収縮，自己収縮，炭酸化収縮を含み，構造物の周辺の温度・湿度，部材断面の形状・寸法，コンクリートの配合のほか，骨材の性質，セ

メントの種類,養生条件等,種々の要因の影響を受ける。

プレストレスの減少を計算する場合,一般には表 13・2 の値としてよい。

σ'_{cpt}:緊張材図心位置におけるプレストレスを与えた直後のプレストレス

σ_{pt}:プレストレスを与えた直後の緊張材の引張応力度

E_p:緊張材の弾性係数,一般に $200\,\text{kN/mm}^2$ としてよい。

n:ヤング係数比 $(=E_p/E_{ct})$

表 13・1 コンクリートのクリープ係数〔示方書〕

コンクリートの種類	環境条件	プレストレスを与えた時のコンクリートの材齢				
		4〜7日	14日	28日	3ヶ月	1年
普通コンクリート	屋外	2.7	1.7	1.5	1.3	1.1
	屋内	2.4	1.7	1.5	1.3	1.1
軽量コンクリート	屋外	2.0	1.3	1.1	1.0	0.8
	屋内	1.8	1.3	1.1	1.0	0.8

表 13・2 コンクリートの乾燥収縮ひずみ ($\times 10^{-6}$)〔示方書〕

環境条件	コンクリートの材齢				
	3日以内	4〜7日	28日	3ヶ月	1年
屋外	400	350	230	200	120
屋内	730	620	380	260	130

リラクセーションは,一定のひずみのもとで,時間の経過と共に応力が減少していく現象であり,式 (13・5) で表される。

$$\sigma = (1-\gamma_o)\varepsilon_o \tag{13・5}$$

ここに

σ:応力度

γ_o:リラクセーション率

ε_o:一定のひずみ

PC 鋼材の**リラクセーション率** γ_o は,初期応力レベル (σ_{po}/f_{pu}:ここに,σ_{po} は初期応力度,f_{pu} は引張強度) によって著しく異なる。しかし,プレストレスト

コンクリートにおけるPC鋼材のリラクセーションによる鋼材引張力の減少量は，一般にせいぜい数%である。そのため，通常のプレストレストコンクリートの場合には，詳細な計算を行わずに，**見掛けのリラクセーション率γ**を用い，式（13・6）によって，PC鋼材のリラクセーションによる引張応力の減少量を算定している。しかし，高温にさらされる場合のように，PC鋼材のリラクセーションが著しく大きくなる場合には，詳細な計算を行う必要がある。

$$\Delta\sigma_{pr} = \gamma\sigma_{pt} \qquad (13\cdot6)$$

ここに，

γ：見掛けのリラクセーション率

5%（PC鋼線），3%（PC鋼棒），1.5%（低リラクセーションPC鋼材）

σ_{pt}：緊張材の初期引張応力度

したがって，緊張材の有効引張応力度は式（13・7）で表されるのである。

$$\sigma_{pe} = \sigma_{pt} - \Delta\sigma_{pcs} - \Delta\sigma_{pr} = \eta\sigma_{pt} \qquad (13\cdot7)$$

ここに，

$\Delta\sigma_{pcs}$：コンクリートのクリープ・乾燥収縮による緊張材引張応力度の減少量

$\Delta\sigma_{pr}$：PC鋼材のリラクセーションによる緊張材引張応力度の減少量

η：**有効係数**

通常のプレストレストコンクリートでは0.8程度の値である。

13・3 使用限界状態に対する検討

プレストレストコンクリートにおける使用限界状態には，コンクリートの引張応力あるいはひびわれ幅の大きさに関係する以下の状態がある。

(1) 引張応力を生ずる限界状態

(2) ひびわれ発生の限界状態

(3) ひびわれ幅の限界状態

また，コンクリートのクリープが応力度に比例している範囲に，持続荷重に

よる応力度を制限しておく必要がある。さらに，PC 鋼材が使用状態で健全であることも確認する必要がある。

プレストレスを与えた直後は，プレストレスが最大で，作用荷重が最小の状態である。正の曲げモーメントを受ける場合には，図 13・2 に示すように，作用荷重によって引張応力が発生する断面下縁で圧縮応力が最大となるように，プレストレスを与える。したがって，断面に引張応力が発生するとすれば，断面上縁で最大となる。この場合，プレストレスが大きいほど，上縁の引張応力と下縁の圧縮応力が大きい。

一方，使用荷重が作用するときには，図 13・3 に示すように，上縁で圧縮応力が最大となり，下縁で引張応力が最大となる。この場合，プレストレスが小さくなるほど，それぞれの最大応力は大きくなる。プレストレスは時間の経過と共に減少するので，プレストレスが最小となる時点で検討すれば，それ以外の時点では安全である。

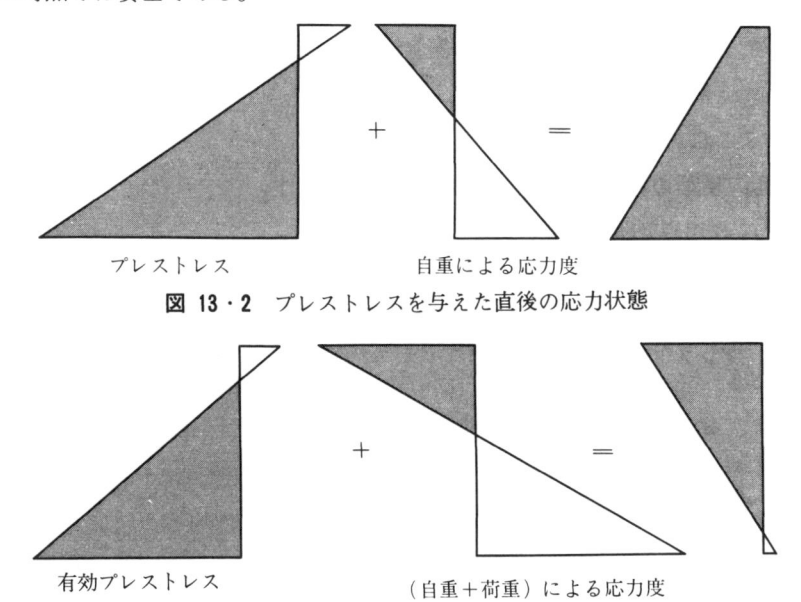

プレストレス 　　　　　　自重による応力度
図 13・2 プレストレスを与えた直後の応力状態

有効プレストレス 　　　（自重＋荷重）による応力度
図 13・3 使用荷重下での応力状態

したがって，次の二つの状態に対して検討しておけばよいことになる。
(1) プレストレスが最大で，作用荷重が最小であるプレストレスを与えた直後
(2) 作用荷重が最大で，プレストレスが最小となる有効プレストレスと使用荷重が作用している時点

13・3・1 引張応力の発生に対する検討

鉄筋コンクリートでは，一般に，ある程度のひびわれの発生を許しているが，ある荷重のもとにおけるひびわれの発生が極めて好ましくないと判断される場合には，プレストレスの導入によって，その状態において断面内に引張応力を発生させないことも可能である。これは**フルプレストレッシング**という考え方であって，この場合は断面の縁維圧縮応力が0となることが使用限界状態の一つとなるのである。なお，安全係数は一般に1.0である。

$$M_d/M_{od} \leqq 1 \tag{13・8}$$

ここに，
M_{od}：断面の縁維圧縮応力が0となるモーメント
M_d：作用設計曲げモーメント

この場合，断面内には引張応力が作用しないので，断面全体を弾性体と考えてよい。

したがって，M_{od}は次式によって求められる。

(1) プレストレッシング直後：

$$M_{od} = \frac{I_c}{y_{cc}} \left(\frac{P_t}{A_c} - \frac{P_t e_{pc}}{I_c} y_{cc} \right) \tag{13・9}$$

(2) 使用荷重作用時：

$$M_{od} = \frac{I_e}{y_{et}} \left(\frac{P_e}{A_e} + \frac{P_e e_{pe}}{I_e} y_{et} \right) \tag{13・10}$$

ここに，

P_t：緊張材の初期引張力

P_e：緊張材の有効引張力

A_c：コンクリートの断面積

A_e：緊張材の断面積を n 倍した換算断面の断面積

I_c：コンクリート断面の断面 2 次モーメント

I_e：換算断面の断面 2 次モーメント

e_{pc}：コンクリート断面の図心から緊張材の重心位置までの距離

e_{pe}：換算断面の図心から緊張材の図心位置までの距離

y_{cc}：コンクリート断面の図心から圧縮縁までの距離

y_{et}：換算断面の図心から引張縁までの距離

コンクリートには，外力によって引張応力が生じる以外に，セメント硬化時における水和熱，温度変化，コンクリートの乾燥収縮およびクリープなどによるコンクリートの変形が拘束されることによっても引張応力が発生する。実際には，これらによる引張応力が比較的大きい場合があるので，この種の荷重作用の影響を的確に評価しないかぎり，引張応力を生じないように設計された部材といえども，ひびわれが発生する可能性がある。

13・3・2　ひびわれ発生に対する検討

構造物あるいは部材において，ある荷重に対してひびわれの発生が好ましくないと判断されると，ひびわれ発生が使用限界状態の一つとなる。これは，断面耐力に関しては，コンクリートは引張力を受け持つことができず，鋼材が引張力を受け持つとするが，部材の破壊よりもはるかに危険でないひびわれの発生に対しては，コンクリートの引張力を考慮すべきであるとの考え方に立つものである。また，ひびわれが発生したとしても，その幅が大きくならないように，引張応力の作用する範囲に異形鉄筋を配置しておくのである。

$$M_d/M_{ca} \leq 1 \qquad (13 \cdot 11)$$

ここに，

M_{cd}：曲げひびわれ発生モーメント

M_d：使用荷重による設計作用曲げモーメント

曲げひびわれ発生モーメントは，以下の式で求められる。

(1) プレストレスを与えた直後：

$$M_{cd} = \frac{I_c}{y_{cc}} \left(\frac{P_t}{A_c} - \frac{P_t e_{pc}}{I_c} y_{cc} + \kappa_1 f_{bd} \right) \qquad (13\cdot12)$$

(2) 使用荷重作用時：

$$M_{cd} = \frac{I_e}{y_{et}} \left(\frac{P_e}{A_e} + \frac{P_e e_{pe}}{I_e} y_{et} + \kappa_1 f_{bd} \right) \qquad (13\cdot13)$$

ここに，

f_{bd}：コンクリートの設計曲げ強度（ただし，$\gamma_c = 1$）

κ_1：コンクリートの曲げ強度が部材高さhによって異なることを表わす係数
$= 0.6/h^{1/3}$ （h：m）

$\kappa_1 \geq 1.0$のとき1.0，$\kappa_1 \leq 0.6$のとき0.6とする。

13・3・3 ひびわれ幅に対する検討

ひびわれ幅の限界状態は，主として鉄筋コンクリートに関係し，11章に詳しく記してある。プレストレストコンクリートの場合には，11章に示した鉄筋コンクリートのひびわれ幅算定式において，鋼材の応力度の代わりに鋼材位置のコンクリートの応力が0の状態を基準とした鋼材の応力増加量を用いればよい。なお，コンクリートの引張応力を無視して応力度を計算するのは鉄筋コンクリートの場合と同様である。

13・3・4 コンクリート圧縮応力度および緊張材引張応力度の制限

コンクリートの圧縮応力度が大きい場合には，水平方向にひびわれが生じることがある。また，コンクリートのクリープが応力に比例するのは，圧縮強度の約40％以下の応力範囲であるといわれている。これらのことから，持続荷重

が作用する状態において圧縮応力度に制限を設けることが必要となる。

PC鋼材の引張応力度に関して，PC鋼材の緊張時および定着直後において制限を設けるのが一般的である。緊張材の応力は緊張時に最も大きいが，その状態はほんの一時的なものであるので，定着直後におけるよりも安全率を小さくすることができる。破断あるいは降伏に対する安全性を持たせるように，定着直後における緊張材の応力に制限を設けておけば，その後はコンクリートのクリープ等による応力は減少するので，一般に安全である。示方書では，次のように，コンクリートおよび緊張材の応力度に制限を設けている。

(1) 永久荷重によるコンクリートの圧縮応力度 $\leqq 0.4 f'_{ck}$

(2) 緊張材の応力度 $\leqq 0.7 f_{puk}$

　　ここに，

f'_{ck}：コンクリートの設計基準強度

f_{puk}：緊張材の引張強度（特性値）

〔例題 13・1〕

矩形断面（$b = 200$ mm, $h = 400$ mm）に，初期引張力 $P_t = 600$ kN（$e_p = 150$ mm）を与えた時の有効係数 η を求めよ。

ただし，

自重によるモーメント：$M_D = 50$ kN·m

自重以外の持続荷重によるモーメント：

$$M_{pd} = 5 \text{ kN·m}$$

クリープ係数：$\varphi = 1.5$

乾燥収縮ひずみ：$\varepsilon'_{cs} = 230 \times 10^{-6}$

PC鋼材の見掛けのリラクセーション率：$\gamma = 3\%$ とする。

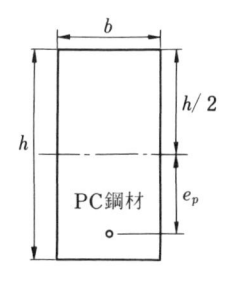

また，材料の性質は次のとおりとする。

コンクリート：$f'_{ck} = 50$ N/mm², $E_{ct} = 33$ kN/mm²

緊張材：PC鋼棒 $\phi 32$ mm（$A_p = 804$ mm²），$E_p = 200$ kN/mm²

例題 13・1 図

〔解〕
コンクリートのクリープ乾燥収縮による緊張材引張応力度の減少量は式（13・4）で求められる。

$$\Delta\sigma_{pcs} = \frac{n\varphi\sigma'_{cp} + E_p\varepsilon'_{cs}}{1 + n(\sigma'_{cpt}/\sigma_{pt})(1+\varphi/2)}$$

ここに，

$n = E_p/E_{ct} = 200/33 =$ **6.1**

$\sigma_{pt} = P_t/A_p = 600 \times 10^3/804 =$ **746 N/mm²**

$\sigma'_{cpt} = \dfrac{P_t}{A_c} + \dfrac{P_t e_p}{I_c}y - \dfrac{M_D}{I_c}y$

$A_c = bh = 200 \times 400 =$ **80 000 mm²**

$I_c = bh^3/12 = 200 \times 400^3/12 = 1.067 \times 10^9$ mm⁴

$y = e_p =$ **150 mm**

$\therefore \sigma'_{cpt} = \dfrac{600 \times 10^3}{80\,000} + \dfrac{600 \times 10^3 \times 150}{1.067 \times 10^9} \times 150 - \dfrac{50 \times 10^6}{1.067 \times 10^9} \times 150$

$\qquad = 7.5 + 12.7 - 7.0 =$ **13.2 N/mm²**

$\sigma'_{cp} = \sigma'_{cpt} - \dfrac{M_{pd}}{I_e}e_p$

ここで，簡単のために，$I_e = I_c$ とすると，

$\sigma'_{cp} = 13.2 - \dfrac{5 \times 10^6}{1.067 \times 10^9} \times 150 = 13.2 - 0.7$

$\qquad =$ **12.5 N/mm²**

$\Delta\sigma_{pcs} = \dfrac{6.1 \times 1.5 \times 12.5 + 2.0 \times 10^5 \times 230 \times 10^{-6}}{1 + 6.1(13.2/746)(1+1.5/2)} = \dfrac{114 + 46}{1.19}$

$\qquad =$ **134 N/mm²**

また，PC 鋼材のリラクセーションによる緊張材引張応力度の減少量 $\Delta\sigma_{pr}$ は，

$\Delta\sigma_{pr} = \gamma\sigma_{pt} = 0.03 \times 746 =$ **22.4 N/mm²**

$\therefore \sigma_{pe} = \sigma_{pt} - \Delta\sigma_{pcs} - \Delta\sigma_{pr} = 746 - 134 - 22.4$

$\qquad =$ **590 N/mm²**

$\therefore \eta = \sigma_{pe}/\sigma_{pt} =$ **0.791**

〔例題 13・2〕

例題 13・1 において，プレストレス導入直後および変動荷重による曲げモーメント M_{Ld} が 50 kN·m 作用した場合における上下縁のコンクリート応力度を求めよ。

〔解〕
(1) プレストレス導入直後

$$\therefore \sigma'_c = \frac{600 \times 10^3}{80\,000} \mp \frac{600 \times 10^3 \times 150}{1.067 \times 10^9} \times 200 \pm \frac{50 \times 10^6}{1.067 \times 10^9} \times 200$$

$$= 7.50 \mp 16.87 \pm 9.37$$

$$= 0 \text{ (上縁)}$$

$$15.0 \text{ N/mm}^2 \text{ (下縁)}$$

(2) 変動荷重作用時

$$P_e = \eta P_t = 0.790 \times 600$$

$$= 474 \text{ kN}$$

簡単のために，$y_e = y$, $I_e = I_c$ とする。

$$\sigma'_c = \frac{474 \times 10^3}{80\,000} \mp \frac{474 \times 10^3 \times 150}{1.067 \times 10^9} \times 200 \pm \frac{(50+55) \times 10^6}{1.067 \times 10^9} \times 200$$

$$= 5.93 \mp 13.33 \pm 19.68$$

$$= 12.3 \text{ N/mm}^2 \text{ (上縁)}$$

$$-0.42 \text{ N/mm}^2 \text{ (下縁)}$$

プレストレス ＋ 自重 ＋ 荷重 ＝ 合計

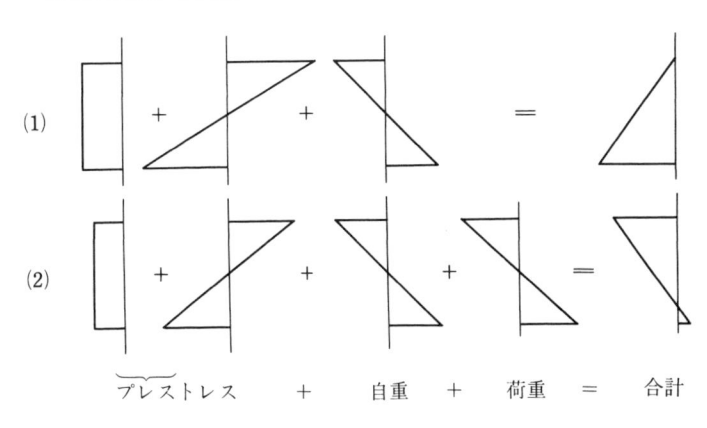

例題 13・2 図

14 章

鉄筋の定着および継手

14・1 定着の方法

　片持ばりの固定端にははりの最大曲げモーメントが作用しているので，一般に主引張鉄筋には，大きな引張応力が作用している。したがって，この鉄筋は壁や柱のコンクリート中に十分延長されていない場合には抜け出してしまい，部材の破壊につながる。鉄筋の定着とは，鉄筋端部がコンクリートから抜け出さないように固定することである。コンクリート中に埋め込まれた鉄筋からコンクリートに引張力が伝達されるためには，コンクリートと鉄筋との境界面に沿ってせん断応力（これを**付着応力**という）が作用する必要がある。

　異形鉄筋の場合，コンクリートとの付着力は主としてふしに対する支圧抵抗力によっている。このふしに対する支圧力がまわりのコンクリートに伝達されるためには，ふしの境界面に沿ったせん断面でふし間のコンクリートがせん断破壊を起こさないことが不可欠である。また，ふしの支圧による力は鉄筋のまわりのコンクリートにリング状の引張応力をもたらす成分を持っている（図 14・1 参照）。

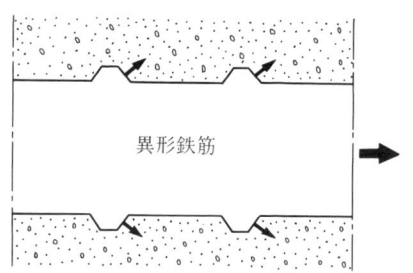

図 14・1 異形鉄筋における応力の伝達

そのため，異形鉄筋の付着破壊は，ほとんどの場合，この引張りに対する抵抗の

弱い断面でコンクリートが鉄筋軸に沿って引張破壊することによって生ずる。

　鉄筋表面での付着力が弱い丸鋼の場合，従来からその端部に必ず**フック**をつけることが義務づけられている。これは，鉄筋端部を曲げると鉄筋表面での付着力のほかに鉄筋全体がコンクリートから支圧応力を受けるので，定着に対して非常に有効であるからである。

　異形鉄筋の場合には付着力が大きいため，通常，フックは不要である。しかし，部材端などで鉄筋をまっすぐ延ばすと定着長がとれない場合には，鉄筋を曲げることによって定着長をとれる場合もある。また，フックによる定着力は比較的広い範囲のコンクリートからの反力によっているので，鉄筋周辺のコンクリートのごく局部的な欠陥の影響を受けにくいという利点もある。それで，異形鉄筋の場合でもフックを設けるのが適当である場合もある。

　フックの曲げ半径は大きいほど定着にとって有利であるが，施工上あまり大きくするのは好ましくない。逆に，鉄筋をあまり小さな半径で曲げると鉄筋が損傷を受ける。示方書で規定されている標準フック（図 14・2 参照）は，これらのことを考慮して定められたものである。標準フックによって鉄筋直径 ϕ の10倍の長さに相当する定着力をとれることにしている。

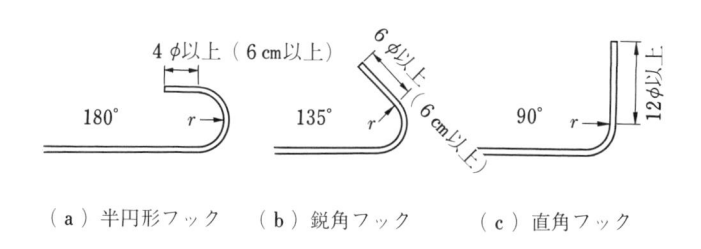

（a）半円形フック　　（b）鋭角フック　　（c）直角フック

図 14・2 標準フックの形状寸法〔示方書〕

14・2　定着長と定着余長

設計において定着に対する検討を行う場合，付着応力度を検討する代わりに，

その許容値に基づいて計算した**必要定着長**以上の定着長があるかどうかを検討するのが便利である。

$$l_d = \frac{A_s \sigma_{sd}}{u f_{bod}} \qquad (14 \cdot 1)$$

ここに，

l_d：必要定着長

A_s：鉄筋断面積

u：鉄筋周長

σ_{sd}：算定断面での作用鉄筋応力度

f_{bod}：設計定着付着強度

これまでに述べてきたように，異形鉄筋とコンクリートとの付着は複雑な性質を持ち，多くの要因の影響を受けるので，必要定着長を求める際の基礎となる設計定着付着強度も，厳密にいえば，これらの要因に応じて異なる値をとることが望ましい。

しかし，一方では，設計上の構造細目となる鉄筋の定着長をあまり複雑な形で計算するのも好ましいことではない。

そこで，示方書では，設計定着付着強度を式 (14・2) のように定め，種々の影響は定着長を係数 $\alpha_1 \alpha_2 \alpha_3$ で修正する方式を採用している。

$$f_{bod} = 0.28 \, f'^{\frac{2}{3}}_{ck} / \gamma_c \leq 3.2 \, \text{N/mm}^2 \qquad (14 \cdot 2)$$

ここに，

$\gamma_c = 1.3$

これによると，基本定着長（鉄筋の降伏点強度を定着できる長さ）は次のようになる。

$$l_d = \alpha_1 \alpha_2 \alpha_3 (A_s f_{yd}) / (u f_{bod}) \qquad (14 \cdot 3)$$

ここに，

$\alpha_1 = 1.0$ （引張鉄筋の場合）

$ = 0.8$ （圧縮鉄筋の場合）

$a_2 = 1.3$ (鉄筋がコンクリート打込み終了面から 300 mm の深さより上方にありかつ水平から 45° 以内の角度で配置されている場合)

$ = 1.0$ (その他の場合)

$a_3 = 1.0$ ($k_c \leqq 1.0$ の場合)

$ = 0.9$ ($1.0 < k_c \leqq 1.5$ の場合)

$ = 0.8$ ($1.5 < k_c \leqq 2.0$ の場合)

$ = 0.7$ ($2.0 < k_c \leqq 2.5$ の場合)

$ = 0.6$ ($2.5 < k_c$ の場合)

ただし,

$$k_c = c/\phi + 15 A_t/(s\phi) \qquad (14 \cdot 4)$$

c：鉄筋のかぶりと鉄筋のあきの1/2のうちの小さい方

ϕ：鉄筋直径

A_t：横方向鉄筋の断面積

s：横方向鉄筋の中心間隔

実際に使用した鉄筋量 A_s が，計算上必要な鉄筋量 A_{sc} よりも多い場合には，式 (14・5) により定着長 l_o を算定してよいとしている。

$$l_o = l_d (A_{sc}/A_s) \qquad (14 \cdot 5)$$

ただし,

$l_o \geqq l_d/3, \quad l_o \geqq 10\phi$

定着余長とは，理論上，鉄筋の応力度が0となる点から余分に延ばした長さであり，定着長と区別している。最大曲げモーメント図を求める際に種々の仮定が入っているので，鉄筋の応力が0となると考えている位置あるいは鉄筋が不要となると考えている位置が，実際の部材では多少ずれる恐れがある。これをカバーするために鉄筋を必要でなくなった点から，さらに，ある長さを余分に延ばす方法がとられている。その長さについては多分に慣行的なものであり，鉄筋直径の10倍程度，あるいはスパンの1/16程度の値が用いられている。単純支持の部材の支承付近や片持部材の自由端のような部材端部では，このような

定着余長をとる余裕がないので，支点を越えて延ばす長さ等を別途定めるのが普通である。また，単純支持の部材では，曲げモーメントおよび付着に対して余裕がある場合でも，正鉄筋の少なくとも1/3は支点を越えて定着するのが慣行である。連続部材でも負鉄筋の少なくとも1/3は反曲点を越えて延長する慣行にある。この場合，定着余長は部材の中間であるので十分な長さをとることができる。

柱の軸方向鉄筋をフーチングなどへ定着する際には，両部材間で十分な断面力の伝達をさせることが必要であり，定着長の始点をフーチングの表面とするのでは不十分である。その場合，安全を考えれば，柱の断面高さの1/2程度フーチングの中に入った点を定着長の始点とする必要があると思われる。また，柱の鉄筋の定着は構造物全体の安全性にとって極めて重要であるので，その下端は，例え十分な定着長がある場合でも，フーチング下面付近まで延長しておくのがよい。

14・3 引張側定着

鉄筋を部材の引張側で切断すると，部材のせん断耐力およびじん性が損なわれることが認められており，従来，鉄筋は原則として圧縮側に定着することとされていた。しかし，鉄筋をコンクリートの引張側で定着することは，従来からも倒立T形擁壁の前壁などでは行われており，重ね継手はそもそも引張側で鉄筋を定着することにほかならない。

引張側で鉄筋が切断されていると，その端部には早期に曲げひびわれが生ずる傾向がある。そのため，連続している鉄筋の応力度およびその断面に作用しているせん断応力度がともにそれぞれの許容値に近い値であれば，曲げひびわれから斜めひびわれが発展する傾向がある。

しかし，斜めひびわれはせん断応力度が小さければ発生しにくいし，密にスターラップを配置してあればその発達を防ぐことができる。また，連続鉄筋の

応力度が小さければ,斜めひびわれに発達するような曲げひびわれの発生の可能性は小さくなる。これらのことから,示方書では次のいずれかの条件を満足する場合には,引張側定着を許している。ただし,計算上不要となる断面から (l_d+l_s) だけ余分に延ばさなければならない。ここに,l_d は基本定着長,l_s は断面の有効高さとする。

(i) 鉄筋切断点から計算上不要となる断面までの区間では,設計せん断耐力が,設計せん断力の1.5倍以上あること。

(ii) 鉄筋切断部での連続鉄筋による設計曲げ耐力が設計曲げモーメントの2倍以上あり,かつ切断点から計算上不要となる断面までの区間で,設計せん断耐力が設計せん断力の4/3倍以上あること。

14・4 鉄筋の継手

市販されている鉄筋の標準長さは,3.5～10 m のものである。したがって,設計においては,継手の位置を適切に選ばなければならない。その場合,鉄筋の種類,応力状態,継手位置等を考慮して,継手として適切なものを選ぶ必要がある。継手を設ける位置は,継手が弱点となることがあり得るので,単純ばりのスパン中央などの応力の大きい断面をできるだけ避けるようにする。

継手の種類によっては,鉄筋の配置に制約を受ける場合があるので,各種の継手の施工要領についても検討を要する。

鉄筋の継手として**重ね継手**および**ガス圧接継手**が広く用いられているが,最近では,圧着継手,ねじふし鉄筋継手,ねじ加工継手,溶融金属充填継手,モルタル充填継手,自動ガス圧接継手などの継手が開発され,使用実績も徐々に多くなってきている。

重ね継手が従来から広く用いられているが,この継手は鉄筋を単に重ね合わせてコンクリートを打つという非常に簡単な方法であり,溶接継手のように熟練技術者の必要もなく,コンクリート打ちの前の検査も簡単であるという長所

を持っているからである。

ねじふし鉄筋継手は，表面の異形がねじ状をなすように熱間圧延された異形鉄筋を内面にねじ加工された鋼製カプラーによって継ぐ継手である（図 14・3(a)参照）。

ねじ加工継手は，鉄筋端部を熱間アプセット鍛造して膨径し，ここにねじ切り加工してカプラーにより継ぐ継手である（図 14・3(b)参照）。

圧着継手は，継手部に配置した継手用鋼管を冷間で油圧により圧着加工して鉄筋を継ぐ継手である（図 14・3(c), (d)参照）。

自動ガス圧接継手は，ガス圧接を自動的に行う継手である（図 14・3(e)参照）。

モルタル充填継手は，継手部に配置したスリーブ内に高強度無収縮性モルタルグラウトを充填して継ぐ継手である（図 14・3(f)参照）。

溶接金属充填継手は，継手部に配置したスリーブ内に溶融金属を充填して継ぐ継手である。

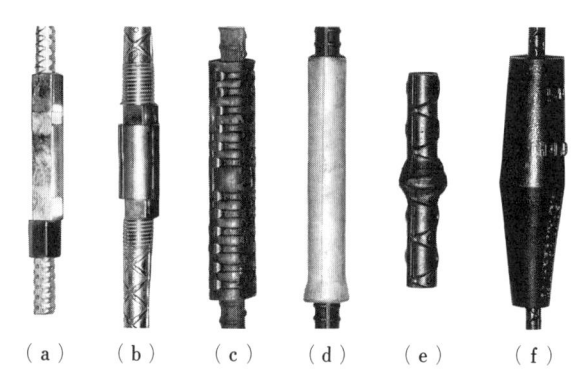

(a)　(b)　(c)　(d)　(e)　(f)

図 14・3　各 種 の 継 手

鉄筋応力度 σ_{sd} が作用している鉄筋の重ね継手部では，図 14・4 に示すように，一方の鉄筋の応力度 σ_s が σ_{sd} から 0 に変化するとともに，もう一方の鉄筋の応力度が 0 から σ_{sd} に変化し，どの点においても両方の鉄筋応力度の和は σ_{sd} に一致している。すなわち，1 本の重ね継手は，同一個所で 2 本の鉄筋を定着しているのである。したがって，鉄筋の定着に関する事項はすべて重ね継手の

14・4 鉄筋の継手

表 14・1 重ね継手長

継手の割合	1/2以下	1/2を越える
$A_s/A_{sc} \geq 2$	l_d	$1.3 l_d$
$A_s/A_{sc} < 2$	$1.3 l_d$	$1.7 l_d$

l_d：基本定着長，A_s：鉄筋の断面積，
A_{sc}：鉄筋の必要断面積

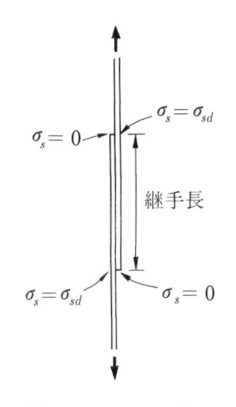

図 14・4 重ね継手

場合にもあてはまるのである。

しかし，引張鉄筋の重ね継手は通常の鉄筋の定着よりもはるかにきびしい条件下にある。一つには引張側のコンクリートに定着しているからであり，もう一つには2本の鉄筋を定着するので，まわりのコンクリートに与える割裂力が大きくなるからである。それで，通常の基本定着長よりも長い値を必要な重ね継手長としている。示方書では，鉄筋の重ね継手長として，表 14・1 のように規定している。

また，地震による繰返し応力を受ける場合には$1.7 l_d$とし，鉄筋端部にフックを設けるとともに，継手部をらせん鉄筋，補強金具等により補強することとしている。さらに，大断面の部材においてはスターラップを継がざるを得ないが，その場合の重ね継手長は$2 l_d$以上必要としている。

重ね継手は破壊に対する安全性の高いことがまず第一に重要であるが，使用状態において継手端部に生ずるひびわれについての配慮も必要である。このひびわれ幅の増大を防ぐには，横方向鉄筋を配置してコンクリートを拘束すること，金具を用いて継手を拘束することなどが有効である。また，同一個所での継手の割合を1/2以下とすることも有効である。端部以外では同じ引張力を2倍の鉄筋で受け持つことになるので，部材の剛性も高く，その部分に発生するひびわれも小さい。

15 章

T形ばりの設計例

15・1 設 計 条 件

　はりは水平な棒部材であり，部材軸に対して直角方向に荷重を受けるものである。骨組構造における水平部材としてのはりは一般に矩形断面であるが，図15・1のようにスラブを支持するように配置される場合には，スラブと一体となり，**T形ばり**となる。

　この章では，はりの設計例として，T形ばりをとりあげ，その設計方法を解説する。

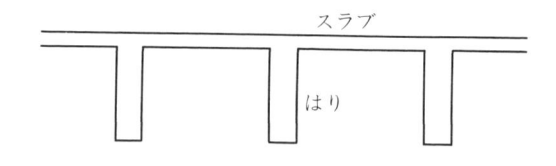

図 15・1 T 形 ば り

15・1・1 一 般 条 件
設計の一般条件として，以下の事項が与えられるものとする。
(1) **単純支持のT形ばり**
(2) **スパン**：$l = 15.0$ m

15・1 設 計 条 件

(3) はりの中心間隔：2.0 m
(4) フランジの厚さ：$t \geqq 0.2$ m

この設計例では、はりの**スパン**は支承の中心間距離である。なお，支承の奥行きが特に長い場合には，支承前面間距離にスパン中央におけるはりの高さを加えたものを構造計算上のスパンとしている。また，剛な壁またははりと単体的に造られた場合には，壁あるいははりの前面間距離をスパンとして曲げモーメントなどを計算している。

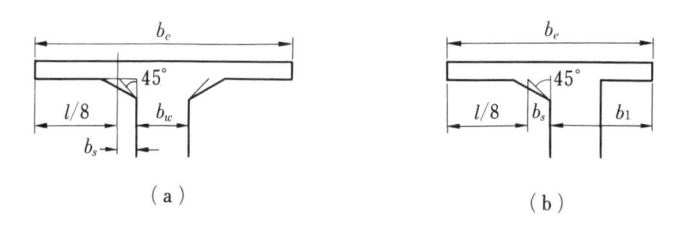

図 15・2 圧縮フランジの有効幅

T形ばりの曲げ耐力や曲げによる応力度の計算において，フランジ内の圧縮応力は幅方向に一様としているが，フランジが広い場合にはフランジ内の圧縮応力分布は一様にならず，ウエブの付け根付近の応力度が大きくフランジの端になるほど小さくなる。このような応力分布を考えて，応力度および耐力や曲げ剛性の計算を行うのは実用的でないので，圧縮フランジ内の応力が幅方向に一定であるとして計算を行っている。このように考えて差し支えない圧縮フランジの幅をT形ばりの圧縮**フランジの有効幅**という。フランジの有効幅は，荷重の載荷状態，断面形状寸法，スパン，支承条件等により変化するが，示方書では，次のようにとっている。

両側にスラブがある場合（図 15・2(a)参照）：

$$b_e = b_w + 2(b_s + l/8) \tag{15・1}$$

ただし，b_eはスラブの中心線間の距離を越えてはならない。

片側にスラブがある場合（図 15・2(b)参照）：

$$b_e = b_1 + b_s + l/8 \qquad (15・2)$$

ただし，b_e はスラブの純スパンの1/2に b_1 を加えたものを越えてはならない。また，b_s はハンチの高さに等しい値より大きくとってはならない。ここに，l は単純ばりではスパン，連続ばりでは反曲点間距離をとる。

この設計例では，はりの両側にスラブがあるとしている。また，スラブの設計上の必要性から，フランジの厚さを 200mm 以上としている。したがって，式 (15・1) から求まるフランジの有効幅は，b_s を 0 とすると，

$$b_e = b_w + l/4 > 15.0/4 = 3.75 \text{ m}$$

となり，3.75 m ははりの中心間隔2.0 m よりも大きいので，T形ばりのフランジの幅ははりの中心間隔に等しくなる。すなわち，

フランジの幅：$b = 2.0$ m

である。

15・1・2 設 計 荷 重

設計荷重として，以下の事項が与えられるものとする。ただし，はりの自重を計算する場合に用いる鉄筋コンクリートの単位容積重量 w は，

単位容積重量：$w = 24$ kN/m^3

とする。

(1) **断面破壊の検討用（特性値）**

等分布永久荷重：$q_d = 2.0 \text{ kN/m}^2 \times 2 \text{ m} = $ **4.0 kN/m**

等分布移動荷重：$q_l = 3.5 \text{ kN/m}^2 \times 2 \text{ m} = $ **7.0 kN/m**

集中移動荷重：$P = 50 \text{ kN/m} \times 2 \text{ m} = $ **100 kN**

衝　撃：移動荷重に衝撃係数を乗じたもの

衝撃係数：$i = 7/(20 + l) = 7/(20 + 15) = $ **0.2**

(2) **ひびわれ検討用**

等分布永久荷重：(1)と同じ。

等分布移動荷重：$q_l = 2.0\,\mathrm{kN/m^2} \times 2\,\mathrm{m} = \mathbf{4.0\,kN/m}$

集中移動荷重：$P = 30\,\mathrm{kN/m} \times 2\,\mathrm{m} = \mathbf{60\,kN}$

衝撃：なし

(3) たわみ検討用

等分布永久荷重：(1)と同じ

等分布移動荷重：$q_l = 3.0\,\mathrm{kN/m^2} \times 2\,\mathrm{m} = \mathbf{6.0\,kN/m}$

集中移動荷重：$P = 40\,\mathrm{kN/m} \times 2\,\mathrm{m} = \mathbf{80\,kN}$

衝撃係数：(1)の80％

(4) 疲労検討用

等分布永久荷重：(1)と同じ

等分布移動荷重：(3)と同じ：100万回の載荷

集中移動荷重：(3)と同じ：100万回の載荷

衝撃係数：(3)と同じ。

15・1・3 安 全 係 数

安全係数は 表 15・1 の値とする。

表 15・1 安 全 係 数

限界状態	断面破壊	ひびわれ	疲 労	たわみ
材料 コンクリート γ_c	1.3	—	1.3	1.0
材料 鉄 筋 γ_s	1.0	—	1.05	—
部 材 γ_b	*	1.0	1.1	1.0
構造解析 γ_a	1.0	1.0	1.0	1.0
荷 重 γ_f	1.15	1.0	1.0	1.0
（自重に対して）	1.1	1.0	1.0	1.0
構造物 γ_i	1.15	1.0	1.0	1.0

＊ 耐力算定式によって，適切な値を用いる。

15・1・4 そ の 他

(1) ひびわれ検討用の環境条件

ひびわれ検討用の環境条件は，一般の環境とする。

(2) **たわみの許容値**

変動荷重によるたわみの許容値は，$l/600$とする（lはスパン）。

15・2 使用材料および断面の仮定

15・2・1 使 用 材 料

用いるコンクリートおよび鉄筋の性質を以下のように仮定する。

(1) **コンクリート**：$f'_{ck} = 30\,\text{N/mm}^2$
(2) **軸方向主鉄筋**：SD345，D32
(3) **スターラップ**：SD345，D13

15・2・2 スパン中央断面

スパン中央断面を次のように仮定する（図 15・3 参照）。

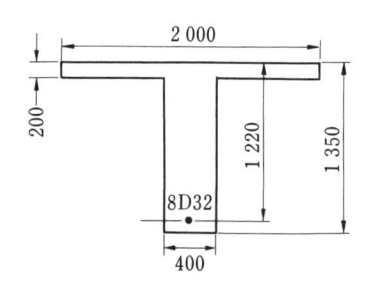

図 15・3 断面（単位 mm）　　図 15・4 鉄筋の配置（単位 mm）

(1) **断面形状寸法**

　（i）はりの高さ：$h = 1.35\,\text{m}$
　　　　有効高さ：$d = 1.22\,\text{m}$
　（ii）フランジの幅：$b = 2.0\,\text{m}$

厚さ：$t = 0.2$ m

(ⅲ) ウエブの幅：$b_w = 0.4$ m

T形ばりとしてのフランジは，15・1・1に与えられている。はりの高さはスパンを考慮し，ウエブの幅は鉄筋配置を考慮して，このように仮定した。

(2) **軸方向主鉄筋**

スパン中央断面における軸方向主鉄筋は，**8D32**を，図15・4のように配置するものとする。

　(ⅰ) 鉄筋の断面積：$A_s = 6\,354$ mm^2 （$= 8 \times 794.2$）

　　　　　直　径：$\phi = 32$ mm

　(ⅱ) かぶり：$c = 64$ mm

　(ⅲ) 鉄筋中心間隔：$c_s = 80$ mm

　(ⅳ) 鉄筋比：$p = A_s/bd = 0.260$ %

　　　　　$p_w = A_s/b_w d = 1.30$ %

　(ⅴ) 鉄筋のあき：水平方向：48 mm，鉛直方向：68 mm

鉄筋コンクリート部材として機能するに必要な**最小主鉄筋量**は，ひびわれ発生曲げモーメント相当の曲げ耐力を持たせるのに必要な量と考えられている。示方書では，この値として鉄筋比 $p(= A_s/bd)$ を**0.2％以上**，T形ばりの場合には，鉄筋比 $p_w = (A_s/b_w d)$ を**0.3％以上**とすることが原則とされている。**最大主鉄筋量**は，曲げ圧縮破壊とならないことを前提として規定されており，示方書では，鉄筋比を釣合鉄筋比の75％以下とするのを原則としている。仮定した断面の釣合鉄筋比 p_b は，

$$p_b = 0.68(f'_{cd}/f_{yd})/(1+\varepsilon_y/\varepsilon'_u)$$
$$= 0.68(23.1/345)/(1+1.73/3.5) = 0.030\,5$$

ここに，

$f'_{cd} = f'_{ck}/\gamma_c = 30/1.3 = 23.1$ N/mm^2

$f_{yd} = f_{yk}/\gamma_s = 345/1.0 = 345$ N/mm^2

$\varepsilon_y = f_{yd}/E_s = 345/(2.0 \times 10^5) = 1.73 \times 10^{-3}$

$\varepsilon'_u = 3.5 \times 10^{-3}$

となる。仮定した鉄筋量は，これらのいずれをも満足しているのである。

鉄筋の表面からコンクリート表面までのコンクリートの厚さを**かぶり**という。かぶりの厚さは，コンクリートの打込みやすさと耐久性の観点からコンクリートの品質，鉄筋直径，環境条件，施工誤差，構造物の耐用期間と重要性などを考慮して定めなければならない。かぶりの最小値として，示方書では，次式が与えられている。

$$c_{min} = \alpha c_0 \qquad (15 \cdot 3)$$

ここに，

c_{min}：最小かぶり

α：f'_{ck} に応じて定まる係数で，

$f'_{ck} \leq 18 \text{ N/mm}^2 : \alpha = 1.2$

$18 < f'_{ck} < 34 \text{ N/mm}^2 : \alpha = 1.0$

$f'_{ck} \geq 34 \text{ N/mm}^2 : \alpha = 0.8$

c_0：基本の最小かぶりで，部材の種類に応じて表 15・2 の値とする。

表 15・2 基本の最小かぶり (cm)

	スラブ	はり	柱
一般の環境	25	30	35
腐食性環境	40	50	60
特に厳しい腐食性環境	50	60	70

また，かぶりは鉄筋とコンクリートとの付着にとって不可欠のものであり，そのためには少なくとも鉄筋直径以上である必要もある。したがって，仮定した断面の最小必要かぶりは32 mm となる。

鉄筋の純間隔を**鉄筋のあき**という。鉄筋のあきは，コンクリートの打込み，締固めのしやすさに大きな影響がある。したがって，示方書には，はりにおける軸方向鉄筋の水平のあきを，20 mm 以上，粗骨材の最大寸法の4/3倍以上，鉄筋の直径以上とすることが規定されている。また，2段以上に軸方向鉄筋を配

置する場合には，その鉛直方向のあきを，一般に，20 mm 以上，鉄筋の直径以上とすることが規定されている．仮定した配筋は，これらのいずれをも余裕を持って満足している．

はりの高さが大きい場合には，乾燥収縮，温度変化，施工条件などによって，ウェブに鉛直に生じるひびわれに対し，水平の用心鉄筋を配置する必要がある．その量としては，はり高さ1 m につき片側 500 mm² 以上，鉄筋間隔は 300 mm 以下とするように推奨されている．それで，D16($A_s = 198.6$ mm²) を 300 mm 間隔に配置して，用心鉄筋とする．

15・2・3 スターラップおよび折曲鉄筋

せん断補強鉄筋を配置していないはりが斜め引張破壊をする場合，その破壊は斜めひびわれの発生とともに急激なものとなる．これを避けるため，はりにはせん断補強鉄筋としてスターラップを必ず配置する必要がある．示方書では，鉛直スターラップの必要量として，

$$A_w/(b_w s) \geq 0.15\%$$

が規定されている．この規定を満足するように，D13 の U 形スターラップ ($A_s = 126.7$ mm²$\times 2 = 253$ mm²) を 400 mm 間隔に配置することにする．

$$A_w/(b_w s) = 253/(400\times 400) = 0.001\,58 > 0.001\,5$$

また，折曲鉄筋は，曲げモーメントのスパン方向の変化を考慮して，図 15・5 のように仮定する．折曲鉄筋の曲上げ角度は45°とし，曲上げた位置から曲げモーメントには抵抗しないものとする．したがって，支点から x (m) の位置にある軸方向鉄筋の断面積 A_s および鉄筋比 p および p_w は，それぞれ表 15・3 のようになる．ここに，$p_w = A_s/(b_w d)$

表 15・3　鉄　筋　比

x (m)	1.0	2.0	3.0	4.0	7.5
A_s (mm²)	3 177	3 971	4 765	5 559	6 354
p (%)	0.130	0.163	0.195	0.228	0.260
p_w (%)	0.651	0.814	0.976	1.139	1.302

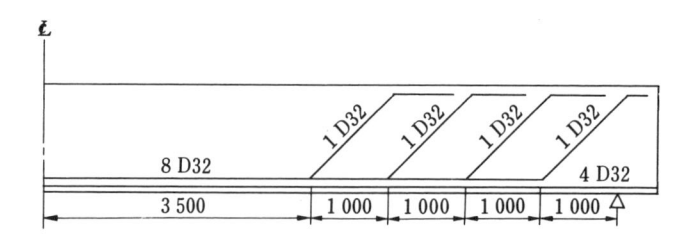

図 15・5 折曲鉄筋 （単位 mm）

15・3 曲げ耐力の検討

曲げ耐力の検討断面を，スパン中央および折曲鉄筋の曲上げ位置とする。これらの位置がその周辺で最も厳しい個所であるからである。

(1) **死荷重による設計曲げモーメント M_D**

$$M_D = \gamma_a(\gamma_f A_c w + \gamma_f q_d)x(l-x)/2$$
$$= 1.0(1.1 \times 0.86 \times 24 + 1.15 \times 4.0)x(l-x)/2$$
$$= 13.652\,x(l-x)$$

ここに，

A_c：はりの断面積

$\quad = 2.0 \times 0.2 + 0.4 \times 1.15 = \mathbf{0.86\,m^2}$

x：支点からの距離，m

また，スパン中央以外においては，曲げ引張破壊の検討はシフトルールによって，有効高さ d だけずらした位置の曲げモーメントに対して行うので，この式における x の代わりに $x+d$ を用いて求める。

(2) **移動荷重と衝撃による設計曲げモーメント M_L**

$$M_L = (1+i)\gamma_a[\gamma_f(2P/l+q_l)]x(l-x)/2$$
$$= (1+0.2)1.0[1.15(2\times100/15+7.0)]x(l-x)/2$$
$$= 14.03\,x(l-x)$$

この場合も,スパン中央以外は x の代わりに $x+d$ を用いる。

(3) **設計曲げモーメント** M_d

$M_d = M_D + M_L$

(4) **設計曲げ耐力** M_{ud}

$M_{ud} = A_s f_{yd} d(1 - 0.6 p f_{yd}/f'_{cd})/\gamma_b$

ここに,

$f_{yd} = f_{yk}/\gamma_s = 345/1.0 = 345 \text{ N/mm}^2$

$f'_{cd} = f'_{ck}/\gamma_c = 30/1.3 = 23.1 \text{ N/mm}^2$

$\gamma_b = 1.15$

(5) **安全性の検討**

以上の計算結果を,表 15・4 に示す。安全性の検討は,

$M_{ud}/M_d \geq \gamma_i$

であることを確認することによって行えばよい。なお,

$\gamma_i M_d/M_{ud} \leq 1.0$

であることを確認することによって行えばよい。

ここに,γ_i は 1.15 である。表 15・4 によれば,$\gamma_i M_d/M_{ud}$ は,0.79〜0.84であって,断面の曲げ耐力は十分に安全である。したがって,断面の曲げ耐力に対する安全性の点からは,次のような処置を採り得る。

(i) 鉄筋の断面積を減ずる。

(ii) 断面の有効高さを減ずる。

(iii) 鉄筋の降伏強度を下げる。

表 15・4 曲げ耐力の検討

x (m)	1.0	2.0	3.0	4.0	7.5
M_D (kN·m)	387	517	620	696	766
M_L (kN·m)	398	532	638	716	789
$\gamma_i M_d$	903	1 206	1 447	1 624	1 788
M_{ud} (kN·m)	1 149	1 432	1 714	1 993	2 271
$\gamma_i M_d/M_{ud}$	0.79	0.84	0.84	0.81	0.79

15・4 せん断耐力の検討

せん断耐力の検討断面を，支点から $h/2$ 離れた位置（$x = 0.675\,\mathrm{m}$）および折曲鉄筋の曲上げ位置とする。

(1) 死荷重による設計せん断力 V_D

$$V_D = \gamma_a(\gamma_f A_c w + \gamma_f q_d)(l/2 - x)$$
$$= 1.0(1.1 \times 0.86 \times 24 + 1.15 \times 4.0)(15/2 - x) = 27.304(7.5 - x)$$

(2) 移動荷重と衝撃による設計せん断力 V_L

$$V_L = (1 + i)\gamma_a \gamma_f [P(1 - x/l) + q_l l(0.5 - x/l)]$$
$$= (1 + 0.2)1.0 \times 1.15[100(1 - x/15) + 7.0 \times 15(0.5 - x/15)]$$
$$= 1.38[100(1 - x/15) + 105(0.5 - x/15)]$$

(3) 設計せん断力 V_d

$$V_d = V_D + V_L$$

(4) 設計せん断耐力 V_{yd}

$$V_{yd} = V_{cd} + V_{sd}$$

ここに，

$$V_{cd} = \beta_d \cdot \beta_p \cdot \beta_m \cdot f_{vcd} \cdot b_w \cdot d / \gamma_b$$

$\quad f_{vcd} = 0.2\sqrt[3]{f'_{cd}}$

$\quad \beta_d = \sqrt[4]{1/d} = \sqrt[4]{1/1.22} = 0.952$

$\quad \beta_p = \sqrt[3]{100\,p_w}$ （p_w は表 15・3 参照）

$\quad \beta_m = 1.0 \qquad \gamma_b = 1.3$

∴ $V_{cd} = 0.2 \times 0.952 \times \beta_p \sqrt[3]{23.1 \times 1.0} \times 400 \times 1\,220/1.3 = 204 \times 10^3 \beta_p$

$V_{sd} = \{(A_w f_{wyd}/s + A_b f_{yd}(\sin 45° + \cos 45°)/s_b\}z/\gamma_b$

$z = d/1.15 = 1\,220/1.15 = 1\,060\,\mathrm{mm}$

$A_w f_{wyd}/s = 253 \times 345/400 = 218$

$A_b f_{yd}(\sin 45° + \cos 45°)/s_b = 0 : x = 4.0\,\mathrm{m}$

$\qquad\qquad\qquad = 794.2 \times 345 \times \sqrt{2}/1\,000 = 387 : $ その他

15・4 せん断耐力の検討

ただし，折曲鉄筋の受け持つせん断力はスターラップの受け持つせん断力を越えてはいけないので，この値は218までしかとれない。

$$\therefore V_{sd} = 218 \times 1\,060/1.15 = 201\,000\,\text{N} = 201\,\text{kN} : x = 4.0\,\text{m}$$
$$= (218+218) \times 1\,060/1.15 = 402\,000\,\text{N} = 402\,\text{kN} : その他$$

(5) 安全性の検討

以上の計算結果を，表 15・5 に示す。安全性の検討は，

$$\gamma_i V_d / V_{yd} \leq 1.0$$

であることを確認することによって行ってもよい。ここに，γ_i は1.15である。表 15・5 によれば，$\gamma_i V_d / V_{yd}$ は，スパン中央に近いところ（$x > 3.0\text{m}$）では，スターラップのみで十分せん断に対して安全であり，支点近くにおいても折曲鉄筋とスターラップとの併用によって十分に安全である。したがって，折曲鉄筋を減らすことは可能である。

表 15・5 せん断耐力の検討

x (m)	0.675	1.0	2.0	3.0	4.0
V_D (kN)	186	177	150	123	96
V_L (kN)	195	192	173	154	135
$\gamma_i V_d$	438	424	371	319	266
f_{vcd} (N/mm^2)	0.569	0.569	0.569	0.569	0.569
V_{cd} (kN)	177	177	191	202	213
V_{sd} (kN)	402	402	402	402	201
V_{yd} (kN)	579	579	593	604	414
$\gamma_i V_d / V_{yd}$	0.76	0.73	0.63	0.53	0.64

(6) 斜め圧縮破壊に対する安全性の検討

設計斜め圧縮破壊耐力 V_{wcd} は，次のようになる。

$$V_{wcd} = f_{wcd} b_w d / \gamma_b$$

ここに，

$$f_{wcd} = 1.25 \sqrt{f'_{cd}} = 1.25 \sqrt{23.1}$$
$$= 6.01\,\text{N/mm}^2$$

$\gamma_b = 1.3$

∴ $V_{wcd} = 6.01 \times 400 \times 1\,220/1.3 = 2\,260\,000$ N $= 2\,260$ kN

作用せん断力 V_d が最大になるのは，$x = 0$ であるので，

$V_d = V_D + V_L$

　　$= 27.304 \times 7.5 + 1.38(100 + 105 \times 0.5) = 415$ kN

したがって，

$\gamma_i V_d / V_{wcd} = 0.24 < 1.0$

であり，斜め圧縮破壊に対しても十分に安全であるので，ウエブの幅を小さくすることも可能である。

15・5　ひびわれの検討

ひびわれ幅に対する検討断面を，スパン中央および折曲鉄筋の曲上げ位置とする。安全係数はすべて1.0であるので，作用曲げモーメント $M_d (= M_D + M_L)$ は表15・6のようになる。

(1) **死荷重による曲げモーメント** M_D

$M_D = (A_c w + q_d) x (l-x)/2$

　　$= (0.86 \times 24 + 4.0) x (l-x)/2 = 12.32 x (l-x)$

(2) **移動荷重による曲げモーメント** M_L

$M_L = (2P/l + q_l) x (l-x)/2$

　　$= (2 \times 60/15 + 4.0) x (l-x)/2 = 6.0 x (l-x)$

(3) **鉄筋応力度** σ_s

$\sigma_s = M_d / (A_s jd)$

T形ばりの場合は，

$jd = d - \dfrac{t}{2} = 1\,220 - 200/2 = 1\,120$ mm

とすると，一般に安全側である。また，ひびわれ検討用の移動荷重の大きさをその影響を含めて定めてあるので，示方書に示されている k_1 は1とする。

(4) **ひびわれ幅 w**

$w = \{(\sigma_s/E_s) + \varepsilon'_{cs}\} l$

ここに,

$E_s = 200 \text{ kN/mm}^2$

$\varepsilon'_{cs} = 150 \times 10^{-6}$

$l = 4c + 0.7(c_s - \phi) = 290 \text{ mm}$

$c = 64 \text{ mm}$

$c_s = 80 \text{ mm}$

$\phi = 32 \text{ mm}$

(5) **許容ひびわれ幅 w_a**

一般の環境条件であるので,許容ひびわれ幅 w_a は,

$w_a = 0.005c = 0.005 \times 64 = \mathbf{0.32 mm}$

ここに,c はかぶりである.

(6) **安全性の検討**

以上の計算結果を表 15・6 に示す. w/w_a は 0.46〜0.79 であって,ひびわれ幅の安全性の点からは,曲げ耐力の場合よりも幾分余裕のある断面である.

表 15・6 ひびわれ幅の検討

x (m)	1.0	2.0	3.0	4.0	7.5
M_D (kN·m)	172	320	444	542	693
M_L (kN·m)	84	156	216	264	338
M_d (kN·m)	256	476	660	806	1 031
A_s (mm²)	3 177	3 971	4 765	5 559	6 354
σ_s (N/mm²)	71.9	107	124	129	145
w (mm)	0.148	0.199	0.223	0.231	0.254
w/w_a	0.46	0.62	0.70	0.72	0.79

15・6 たわみの検討

 変動荷重による短期のたわみ（荷重作用時に瞬時に生ずるもの）について検討する。曲げひびわれが発生しないコンクリート部材の場合，全断面有効として弾性理論に従ってたわみを計算し，曲げひびわれが発生する場合には，ひびわれによる剛性低下を考慮して求めるのが一般である。

 曲げひびわれによる剛性低下を考慮する場合の一例として，断面剛性の算定に当たり，換算断面2次モーメント I_e を考える方法が示方書に示されている。この I_e は式（15・4）で与えられ，断面剛性は部材全長にわたって一定と考えるものである。

$$I_e = \left[\left(\frac{M_{crd}}{M_{dmax}}\right)^3 I_g + \left\{1 - \left(\frac{M_{crd}}{M_{dmax}}\right)^3\right\} I_{cr}\right] \leq I_g \qquad (15・4)$$

ここに，

M_{crd}：断面にひびわれが発生する限界の曲げモーメント

　　　　 コンクリートの曲げ応力度が設計曲げ強度となる曲げモーメント

M_{dmax}：たわみ計算時の設計曲げモーメントの最大値

I_g：全断面の断面2次モーメント

I_{cr}：引張応力を受けるコンクリートを除いた断面2次モーメント

(1) **たわみ計算時の設計曲げモーメントの最大値 M_{dmax}**

$$\begin{aligned} M_{dmax} &= \{A_c w + q_d + (1+i)(2P/l + q_l)\}x(l-x)/2 \\ &= \{0.86 \times 24 + 4.0 + (1 + 0.8 \times 0.2)(2 \times 80/15 + 6.0)\} \times 7.5 \\ &\quad \times (15 - 7.5)/2 \\ &= 1\,240 \text{ kN·m} \end{aligned}$$

(2) **断面にひびわれが発生する限界の曲げモーメント M_{crd}**

$$M_{crd} = \kappa_1 f_{bd} I_g / y_t$$

ここに，

κ_1：コンクリートの曲げ強度が部材高さによって異なることを表す係数

f_{bd}：設計曲げ強度

I_g：全断面の断面2次モーメント

y_t：全断面に関する中立軸から引張縁までの距離

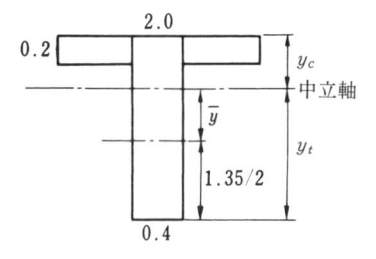

	A	y	Ay	I
1.6×0.2	$=0.32$	0.575	0.184	0.107
0.4×1.35	$=0.54$	—	—	0.082
	0.86		0.184	0.189

$\bar{y} = 0.184/0.86 = 0.214$

$\therefore\ I_g = 0.189 - 0.86\times0.214^2$

$\qquad = 0.150\ \text{m}^4$

$y_t = 1.35/2 + 0.214 = 0.889\ \text{m}$

図 15・6

$\kappa_1 = 0.6\ (\because\ h=1.35\text{m}>1.0)$

$f_{bd} = 0.42\times30^{2/3}/1.0 = 4.055\ \text{N/mm}^2 = 4\,055\ \text{kN/m}^2$

$\therefore\ M_{crd} = 0.6\times4\,055\times0.150/0.889 = 411\ \text{kN}\cdot\text{m}$

(3) 引張応力を受けるコンクリートを除いた断面2次モーメント I_{cr}

中央断面について計算する。

中立軸はウエブ内に入り，T形断面となるが，〔例題 10・3〕に示したように，矩形断面として計算しても大差ないので，以下矩形断面として計算する。

$I_{cr} = bx^3/3 + nA_s(d-x)^2$

ここに，

$k = 0.175$（10章参照）

$x = kd = 0.175\times1.22 = 0.213\ \text{m}$

$\therefore\ I_{cr} = 2.0\times0.213^3/3 + 7.1\times0.006\,354\times(1.22-0.213)^2$

$\qquad = 0.052\,3\ \text{m}^4$

(4) 換算断面2次モーメント I_e

$I_e = (411/1\,240)^3\times0.150 + \{1-(411/1\,240)^3\}\times0.052\,3$

$\qquad = 0.055\,9\ \text{m}^4$

(5) たわみ δ

等分布移動荷重 q_l（衝撃を含む）によるもの：δ_1

$$\delta_1 = \frac{5\,q_l l^4}{384\,EI_e} = \frac{5 \times (6.0 \times 1.16) \times 15^4}{384 \times 28 \times 10^6 \times 0.0559} = 0.00293\text{m} = \mathbf{2.93\ mm}$$

集中移動荷重 P(衝撃を含む)によるもの:δ_2(中央載荷)

$$\delta_2 = \frac{Pl^3}{48\,EI_e} = \frac{80 \times 1.16 \times 15^3}{48 \times 28 \times 10^6 \times 0.0559} = 0.00417 = \mathbf{4.17\ mm}$$

$$\therefore\ \delta = \delta_1 + \delta_2 = 2.93 + 4.17 = \mathbf{7.10\ mm}$$

(6) 照 査

$\delta_a = l/600 = 15/600 = 0.025$ m

　　 $= \mathbf{25\ mm}$

$\therefore\quad \delta/\delta_a = 7.1/25 = 0.28 < 1.0$

であり,たわみはその許容値に比べて十分に小さい。

15・7　曲げ疲労耐力の検討

曲げ疲労に対する検討断面を,スパン中央および折曲鉄筋の曲上げ位置とする。部材係数 γ_b は1.1とする。

(1) **作用曲げモーメント**

$M_D = (A_c w + q_d) x(l-x)/2 = 12.32 x(l-x)$

$M_L = (1+i)(2P/l + q_l) x(l-x)/2$

　　 $= (1 + 0.8 \times 0.2)(2 \times 80/15 + 6.0) x(l-x)/2$

　　 $= 9.67\, x(l-x)$

(2) **鉄筋の設計疲労強度** f_{srd}

$f_{srd} = 190(1 - \sigma_{spd}/f_{ud})(10^\alpha/N^k)/\gamma_s$

ここに,

$f_{ud} = 500\ \text{N/mm}^2$

$\alpha = 0.81 - 0.003 \times 32 = 0.714$

$k = 0.12,\ N = 10^6$

$\gamma_s = 1.05$

(3) **コンクリートの設計圧縮疲労強度** f''_{crd}

$f''_{crd} = 0.85 f'_{cd}(1-\sigma'_{cpd}/f'_{cd})(1-\log N/17)$

ここに，$f'_{cd} = 30/1.3 = 23.1 \text{ N/mm}^2$

$\sigma_{spd} = M_D/A_s jd$

$\sigma'_{cpd} = (3/4) 2 M_o/(Kjbd^2)$

(4) **安全性の検討**

以上の計算結果を表 15・7 に示す。ただし，$\gamma_b = 1.1$，$\gamma_i = 1.0$。

$\gamma_i \sigma_{srd}/(f_{srd}/\gamma_b)$ は0.26〜0.58，$\gamma_i \sigma'_{crd}/(f''_{crd}/\gamma_b)$ は0.05〜0.16であり，曲げ疲労に関しては，曲げ耐力およびひびわれに対するよりも余裕のある断面である。

表 15・7 曲げ疲労の検討

x (m)	1.0	2.0	3.0	4.0	7.5
M_D (kN・m)	172	320	444	542	693
σ_{spd} (N/mm^2)	48.3	72.0	83.2	87.1	97.4
σ'_{cpd} (N/mm^2)	0.71	1.20	1.54	1.76	2.12
M_L (kN・m)	135	251	348	425	544
$\gamma_i \sigma_{srd}$ (N/mm^2)	38.0	56.5	65.2	68.3	76.4
$\gamma_i \sigma'_{crd}$ (N/mm^2)	0.56	0.94	1.21	1.38	1.67
f_{srd}/γ_b	147	139	135	134	131
f''_{crd}/γ_b	11.2	11.0	10.8	10.7	10.5
$\gamma_i \sigma_{srd}/(f_{srd}/\gamma_b)$	0.26	0.41	0.48	0.51	0.58
$\gamma_i \sigma'_{crd}/(f''_{crd}/\gamma_b)$	0.05	0.09	0.11	0.13	0.16

15・8　せん断疲労耐力の検討

せん断疲労に対する検討は，支点からはり高さの1/2の所と，折曲鉄筋の曲上げ位置とする。部材係数 γ_b は1.1とする。

(1) **死荷重によるせん断力** V_{pd}

$V_{pd} = (A_c \cdot w + q_d)(l/2 - x)$
$= (0.86 \times 24 + 4.0)(7.5 - x) = 24.6(7.5 - x)$

(2) **疲労荷重（移動荷重と衝撃）によるせん断力 V_{rd}**

$$V_{rd} = (1+i)[P(1-x/l) + q_l \cdot l(0.5-x/l)]$$
$$= (1+0.8\times0.2)[80\times(1-x/15) + 6\times15(0.5-x/15)]$$
$$= 1.16\times[80(1-x/15) + 90(0.5-x/15)]$$

(3) **せん断補強鉄筋に生ずる応力度**

$$V_d = V_{pd} + V_{rd}$$

$$\sigma_{bd} = \frac{V_d - 0.5V_{cd}}{\dfrac{A_w z/s}{(\sin\alpha_b + \cos\alpha_b)^2} + A_b \cdot (z/s_b)(\sin\alpha_b + \cos\alpha_b)}$$

$$\sigma_{wd} = \sigma_{bd}/(\sin\alpha_b + \cos\alpha_b)^2$$

$$\sigma_{brd} = \sigma_{bd} \cdot V_{rd}/(V_{cd} + V_d)$$

$$\sigma_{wrd} = \sigma_{brd}/(\sin\alpha_b + \cos\alpha_b)^2$$

$$\sigma_{bpd} = \sigma_{brd}(V_{cd} + V_{pd})/V_{rd}$$

$$\sigma_{wpd} = \sigma_{wrd}(V_{cd} + V_{pd})/V_{rd}$$

表 15・8 せん断疲労の検討

x (m)	0.675	1.0	2.0	3.0	4.0
V_{pd} (kN)	168	160	135	111	86
V_{rd} (kN)	136	132	119	106	92
V_d (kN)	304	292	254	216	179
V_{cd} (kN)	209	209	225	239	251
$\gamma_i\sigma_{wpd}$ (N/mm^2)	48.0	45.2	34.9	24.3	13.7
$\gamma_i\sigma_{wrd}$ (N/mm^2)	17.4	16.2	11.5	7.3	3.8
f_{wrd}/γ_b	107	107	108	109	110
$\gamma_i\sigma_{wrd}/(f_{wrd}/\gamma_b)$	0.16	0.15	0.11	0.07	0.03
$\gamma_i\sigma_{bpd}$ (N/mm^2)	96.1	90.4	69.7	48.7	27.4
$\gamma_i\sigma_{brd}$ (N/mm^2)	34.7	32.3	23.0	14.7	7.5
f_{brd}/γ_b	95	96	98	99	101
$\gamma_i\sigma_{brd}/(f_{brd}/\gamma_b)$	0.36	0.34	0.24	0.15	—

(4) **鉄筋の設計疲労強度** f_{srd}

15・7(3)と同様に計算する。

母材の60%とする。

(5) **安全性の検討**

以上の計算結果を表15・8に示す。

$\gamma_i \sigma_{wrd}/(f_{wrd}/\gamma_b)$ は 0.03～0.16, $\gamma_i \sigma_{brd}/(f_{brd}/\gamma_b)$ は 0.07～0.36 であって，せん断疲労に対しては十分に安全である。

15・9 使用材料および断面の変更

15・9・1 使用材料および断面の変更

(1) **使用材料**

用いるコンクリートおよび鉄筋の性質は最初の仮定と同じとする。

(2) **断面形状寸法**

断面形状寸法は最初の仮定と同じとする。

(3) **軸方向主鉄筋**

軸方向主鉄筋は **8D29** に変更する（図15・7参照）。

(i) 鉄筋の断面積：$A_s = 5\,139$ mm² ($= 8 \times 642.4$)

直径：$\phi = 29$ mm

(ii) かぶり：$c = 65.5$ mm

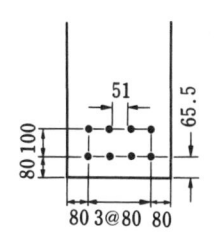

図 15・7 鉄筋の配置（単位 mm）

(iii) 鉄筋中心間隔：$c_s = 80$ mm

(iv) 鉄筋比：$p = A_s/bd = 0.211$ %

$p_w = A_s/b_w d = 1.05$ %

(4) スターラップおよび折曲鉄筋

スターラップは最初の仮定と同じとする。

折曲鉄筋の位置を幾分支点よりに移す（表 15・9 参照）。

表 15・9 鉄筋比

x (m)	1.0	1.5	2.5	3.5	7.5
A_s (mm^2)	2 570	3 212	3 854	4 500	5 139
p (%)	0.105	0.132	0.158	0.184	0.211
p_w (%)	0.527	0.658	0.790	0.922	1.053

15・9・2 安全性の検討

断面の曲げ耐力，せん断耐力，ひびわれ，曲げ疲労およびせん断疲労に対する安全性の検討結果を表 15・10～表 15・14 に示す。いずれに対しても仮定した断面は適度な安全性を持っている。なお，せん断圧縮破壊およびたわみについては十分安全であるので，その検討は省略した。

表 15・10 曲げ耐力の検討

x (m)	1.0	1.5	2.5	3.5	7.5
M_D (kN·m)	387	455	572	661	766
M_L (kN·m)	398	469	589	681	789
$\gamma_i M_d$	903	1 063	1 335	1 543	1 788
M_{ud} (kN·m)	932	1 162	1 391	1 620	1 845
$\gamma_i M_d / M_{ud}$	0.97	0.91	0.96	0.95	0.97

表 15・11 せん断耐力の検討

x (m)	0.655	1.0	1.5	2.5	3.5
V_D (kN·m)	187	177	164	137	109
V_L (kN·m)	195	192	182	163	144
$\gamma_i V_d$ (kN·m)	438	424	398	345	291
f_{vcd} (N/mm²)	0.569	0.569	0.569	0.569	0.569
V_{cd} (kN)	165	165	177	188	198
V_{sd} (kN)	402	402	402	402	201
V_{yd} (kN·m)	567	567	579	590	399
$\gamma_i V_d / V_{ud}$	0.77	0.75	0.69	0.58	0.73

表 15・12 ひびわれ幅の検討

x (m)	1.0	1.5	2.5	3.5	7.5
M_D (kN·m)	172	249	385	496	693
M_L (kN·m)	84	122	188	242	338
M_d (kN·m)	256	371	573	737	1 031
A_s (mm²)	2 570	3 212	3 854	4 497	5 139
σ_s (N/mm²)	72.9	84.5	109	120	147
w (mm)	0.153	0.171	0.207	0.224	0.263
w/w_a	0.48	0.53	0.65	0.70	0.82

表 15・13 曲げ疲労の検討

x (m)	1.0	1.5	2.5	3.5	7.5
M_D (kN·m)	172	249	385	496	693
σ_{spd} (N/mm^2)	59.8	69.2	89.2	98.5	120.4
σ'_{cpd} (N/mm^2)	0.73	1.03	1.46	1.79	2.32
M_L (kN·m)	135	196	302	389	544
$\gamma_i \sigma_{srd}$ (N/mm^2)	47	54.4	70.0	77.3	94.5
$\gamma_i \sigma'_{crd}$ (N/mm^2)	0.62	0.81	1.15	1.38	1.82
f_{srd}/γ_b	146	143	136	133	126
f''_{crd}/γ_b	11.2	11.0	10.8	10.7	10.4
$\gamma_i \sigma_{srd}/(f_{srd}/\gamma_b)$	0.32	0.38	0.51	0.58	0.75
$\gamma_i \sigma'_{crd}/(f''_{crd}/\gamma_b)$	0.06	0.07	0.11	0.13	0.18

表 15・14 せん断疲労の検討

x (m)	0.655	1.0	1.5	2.5	3.5
V_{pd} (kN)	168	160	148	123	98
V_{rd} (kN)	136	132	125	112	94
V_d (kN)	304	292	273	235	197
V_{cd} (kN)	195	195	210	223	234
$\gamma_i \sigma_{wpd}$ (N/mm^2)	58.1	54.6	47.9	36.0	23.8
$\gamma_i \sigma_{wrd}$ (N/mm^2)	21.8	20.3	16.8	11.7	7.1
f_{wrd}/γ_b	106	106	107	108	109
$\gamma_i \sigma_{wrd}/(f_{wrd}/\gamma_b)$	0.21	0.19	0.16	0.11	0.06
$\gamma_i \sigma_{bpd}$ (N/mm^2)	116	109	96	72	48
$\gamma_i \sigma_{brd}$ (N/mm^2)	43.6	40.6	33.6	23.4	14.1
f_{brd}/γ_b	93	94	95	97	99
$\gamma_i \sigma_{brd}/(f_{brd}/\gamma_b)$	0.47	0.43	0.35	0.24	0.14

15・9・3 定着についての検討

軸方向引張鉄筋の定着について,示方書には次のような規定がある。

はりの正鉄筋は,少なくともその1/3を曲げないで,支点を越えて定着しなければならない。また,その定着は,支点から部材の有効高さ離れた(スパン

中央側）位置における引張力に対して十分なものでなければならない。

本例では，正鉄筋の1/2が支点を越えて定着されているので問題ない。

また，支点を越えての必要定着長さは，次のようになり，それを満足している。

(1) 支承中心から部材の有効高さ離れた断面位置の鉄筋応力

$M_D = 13.625 \times 1.22 \times (15 - 1.22)$

$\quad = 229 \text{ kN·m}$

$M_L = 14.03 \times 1.22 \times (15 - 1.22)$

$\quad = 236 \text{ kN·m}$

$M_d = 465 \text{ kN·m}$

$\sigma_s = 132 \text{ N/mm}^2$

(2) 定着長 l_o

基本定着長 l_d を求める。式 (14・4) より，

$k_c = 65.5/29 + 15 \times 126.5/(250 \times 29)$

$\quad = 2.52$

∴ $\alpha_3 = 0.6$

$f_{bod} = 0.28 \times 30^{2/3}/1.3$

$\quad = 2.08 \text{ N/mm}^2$

∴ $l_d = \alpha_1 \alpha_2 \alpha_3 \sigma_s/(u f_{bod}) \phi$

$\quad = 1.0 \times 1.0 \times 0.6 \times 132/(4 \times 2.08) \phi$

$\quad = 9.52 \phi$

標準フックを設けるので，10ϕ 減じる。

$l_o = (9.52 - 10)\phi$

$\quad = -0.48 \phi = -0.48 \times 29$

$\quad = -\mathbf{13.92} \text{ mm} < 400 \text{ mm}$ （図 15・8 参照）

15・9・4 図　　面

以上の結果を図面で表示すると図 15・8 のようになる。

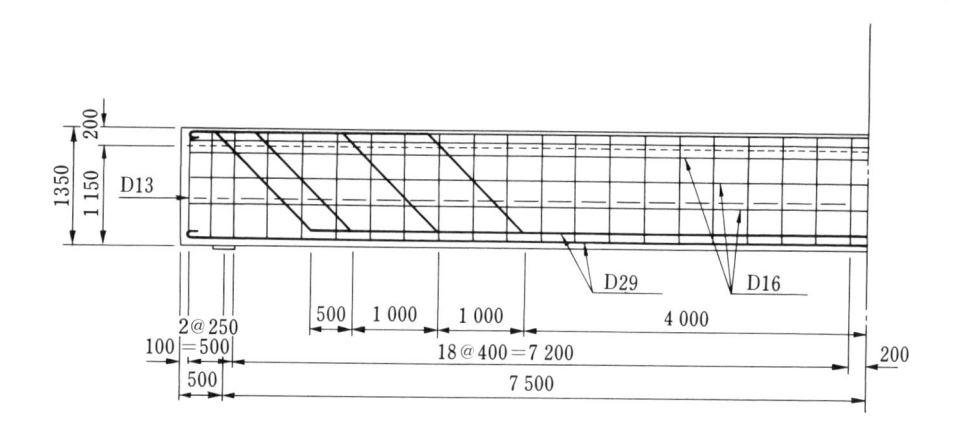

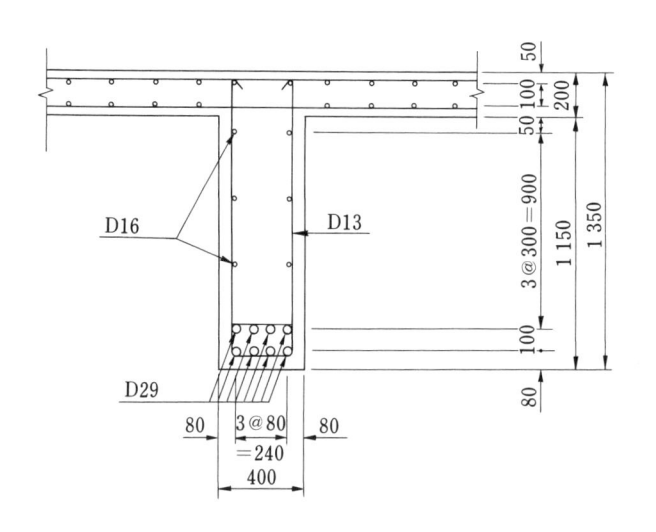

図 15・8　図　面（単位 mm）

16 章

倒立 T 形擁壁の設計例

16・1 設 計 条 件

この章では，鉄筋コンクリート構造物の設計例として，**倒立 T 形擁壁**を採り上げ，その設計方法を解説する。擁壁は一般に鉛直な面部材であり，部材軸に対して直角方向に土圧を受けるものである。

16・1・1 一 般 条 件

設計の一般条件として，以下の事項が与えられるものとする（図 16・1 参照）

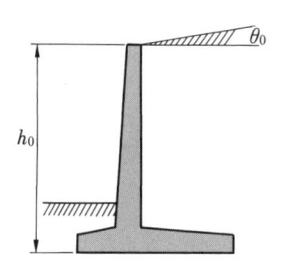

図 16・1 倒立 T 形擁壁

(1) 壁高：$h_0 = 4.5\,\mathrm{m}$
(2) 背面の地表面と水平とのなす角：$\theta_0 = 5°$
(3) 基礎形式：直接基礎
(4) 土の性質
 (i) 裏込土
  単位重量：$w_1 = 16\,\mathrm{kN/m^3}$
  内部摩擦角：$\phi_1 = 30°$
 (ii) 基礎地盤

単位重量：$w_2 = 19\ \mathrm{kN/m^3}$

内部摩擦力：$\phi_2 = 40°$

16・1・2　設　計　荷　重

設計荷重として，以下の事項が与えられるものとする。

(1) **擁壁自重**

　　鉄筋コンクリートの単位容積重量：$w_0 = 24\ \mathrm{kN/m^3}$

(2) **上載荷重**：$q = 10\ \mathrm{kN/m^2}$

　　ただし，剛体安定の検討を行う場合には，この荷重は考慮しない。

(3) **地　震**

　　水平震度：$k_h = 0.2$

　　鉛直震度：$k_v = 0$

(4) **土　圧**

土圧は次の仮定に従って計算する。

（i）剛体安定およびフーチングの検討を行う場合

　　　擁壁の仮想背面を鉛直壁上端とフーチングのかかとを結ぶ平面とし，土圧は仮想背面に作用するものとする（図 16・2(a)）。

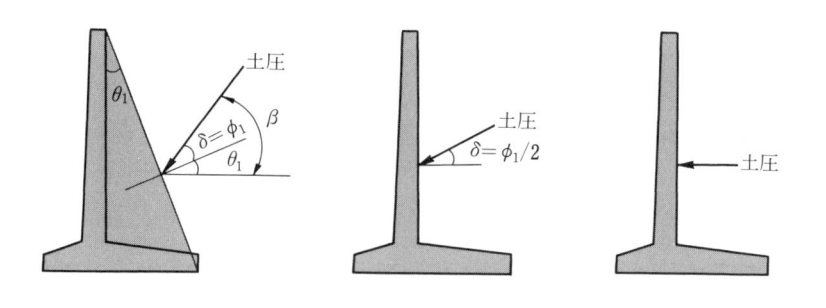

（a）剛体安定とフーチング　　（b）鉛直壁（常時）　　（c）鉛直壁（地震時）

図 16・2　土圧の計算における仮定

土圧算定時の壁面摩擦角 δ は裏込土の内部摩擦角 ϕ_1 に等しいとする。
　　　仮想背面と鉛直壁との間の土は擁壁の一部と見なす。
(ii)　鉛直壁の検討を行う場合
　　　鉛直壁背面を土圧の作用面とし，壁面摩擦角 δ は裏込土の内部摩擦角 ϕ_1 の1/2に等しいものとする（図 16・2(b)）。
　　　ただし，地震時の壁面摩擦角は0とする（図 16・2(c)）。
(iii)　土圧はクーロン土圧による。主働土圧係数 k は次式による。
　常時：

$$k_1 = \frac{\cos^2(\phi_1 - \theta_1)}{\cos^2\theta_1 \cos\beta(1+c_1)^2} \tag{16・1}$$

$$c_1 = \sqrt{\frac{\sin(\phi_1+\delta)\sin(\phi_1-\theta_0)}{\cos\beta\cos(\theta_1-\theta_0)}} \tag{16・2}$$

　地震時：

$$k_2 = \frac{\cos^2(\phi_1 - \theta_1 - \theta_2)}{\cos^2\theta_1 \cos(\beta+\theta_2)\cos\theta_2(1+c_2)^2} \tag{16・3}$$

$$c_2 = \sqrt{\frac{\sin(\phi_1+\delta)\sin(\phi_1-\theta_0-\theta_2)}{\cos(\beta+\theta_2)\cos(\theta_1-\theta_0)}} \tag{16・4}$$

　ここに，
δ：壁面摩擦角
θ_0：地表面と水平面とのなす角
θ_1：仮想背面と鉛直面とのなす角
$\theta_2 = \tan^{-1} k_h$
k_h：水平震度
β：土圧の作用方向と水平面とのなす角
　$= \delta + \theta_1$（図 16・2 参照）

16・1・3 剛体安定に対する検討方法

(1) 転倒に対する終局限界状態の検討は次式による。

$$\gamma_i M_{sa}/M_{rd} \leqq 1.0 \tag{16・5}$$

ここに，

M_{rd}：転倒に対するフーチング底面端部における設計抵抗モーメント

$\quad = M_{rk}/\gamma_0$

M_{rk}：荷重の公称値を用いて求めた抵抗モーメント

γ_0：転倒に関する安全係数

　　荷重の公称値の望ましくない方向への変動，荷重の算出方法の不確実性，地盤の変形などによる抵抗モーメント算出上の不確実性等を考慮して定める。

M_{sa}：フーチング底面端部における設計転倒モーメント

(2) 滑動に対する終局限界状態の検討は次式による。

$$\gamma_i H_{sa}/H_{rd} \leqq 1.0 \tag{16・6}$$

ここに，

H_{rd}：滑動に対する設計抵抗力

$\quad = H_{rk}/\gamma_h$

H_{rk}：フーチング底面と基礎地盤との間の摩擦力および粘着力およびフーチング前面の受動土圧より求めた滑動に対する抵抗力

　　滑動に対する抵抗力を求める場合の荷重は公称値を用いる。

γ_h：滑動に関する安全係数

　　滑動に対する抵抗力の公称値からの望ましくない方向への変動等を考慮して定める。

H_{sa}：設計水平力

(3) 鉛直支持に対する終局限界状態の検討は次式による。

$$\gamma_i V_{sa}/V_{rd} \leqq 1.0 \tag{16・7}$$

ここに，

V_{rd}：地盤の設計鉛直支持力

　　$= V_{rk}/\gamma_v$

V_{rk}：地盤の鉛直支持力

γ_v：鉛直支持に関する安全係数

　　鉛直支持力の特性値からの望ましくない方向への変動等を考慮して定める．

V_{sd}：地盤の設計反力

(4) 常時において基礎の浮上りがないこと．

16・1・4 安 全 係 数

安全係数は表 16・1 の値とする．

表 16・1 安 全 係 数

	終局限界状態				使用限界状態
	断面破壊		剛体安定		
	常 時	地震時	常 時	地震時	
コンクリート γ_c	1.3	1.3	—	—	1.0
鉄 筋 γ_s	1.0	1.0	—	—	1.0
部 材 γ_b 曲げ	1.15	1.15	—	—	1.0
せん断	1.3	1.3	—	—	1.0
$\gamma_0 \cdot \gamma_h \cdot \gamma_v$	—	—	1.5	1.5	1.0
構造解析 γ_a	1.0	1.0	1.0	1.0	1.0
荷 重 γ_f	1.15	1.15	—	—	1.0
構造物 γ_i	1.15	1.0	1.5	1.0	1.0

16・1・5 そ の 他

(1) **ひびわれ検討用の環境条件**

ひびわれ検討用の環境条件は，一般の環境とする．

16・2 使用材料および断面の仮定

16・2・1 使 用 材 料

用いるコンクリートおよび鉄筋の性質を以下のように仮定する。

(1) **コンクリート**：$f'_{ck} = 30 \text{ N/mm}^2$
(2) **鉄筋**：SD 345 ($f_{yk} = 345 \text{ N/mm}^2$)

16・2・2 断　　面

(1) **擁壁の形状寸法**

擁壁の形状寸法を既住の設計例を参考にして，図 16・3 のように仮定する。

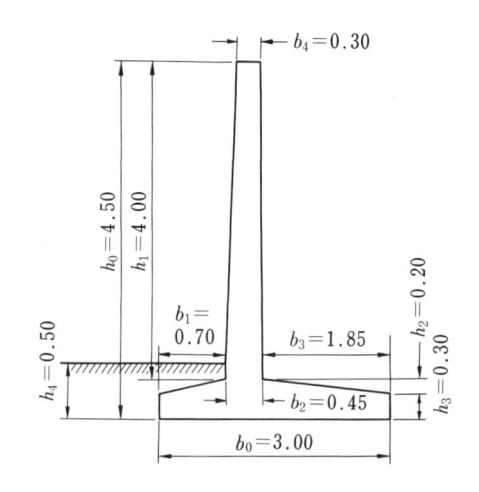

図 16・3　擁壁の形状寸法（単位 m）の仮定

(2) **鉛直壁の配筋**

鉛直壁は，フーチングを固定端とする**1方向片持スラブ**にモデル化できる。**スラブ**は，厚さが長さあるいは幅に比べて薄い平面状の部材であって，荷重がその面にほぼ直角に作用するものをいう。スラブは曲げモーメントに対して，

各点で単位幅当たりのはりとして，一般に，直角2方向について検討するのであるが，鉛直壁は，1方向の曲げモーメントが卓越するので，1方向スラブにモデル化できるのである。

スラブの主鉄筋間隔をあまり大きくすると，コンクリートと鉄筋とが一体として作用しないおそれがあるので，示方書では，スラブの軸方向主鉄筋の中心間隔を，

(i) 最大曲げモーメントの生じる断面でスラブ厚さの2倍以下で300 mm以下，

(ii) その他の断面でもスラブ厚さの3倍以下で400 mm以下

とするように規定されている。

これらのことを考慮して，鉛直壁の軸方向主鉄筋として，最大曲げモーメントの生じる断面に，D 16 ($A_s = 198.6$ mm^2) を 125 mm 間隔に配置し，フーチング上面から2 m離れた位置からその数を半分にし，250 mm 間隔とすると仮定する（図 16・4 参照）。

スラブ作用を期待するためには，単にはりとしての軸方向鉄筋を配置するだけでは不十分であって，軸方向鉄筋と直角方向にも鉄筋を配置する必要がある。この鉄筋を**配力鉄筋**という。配力鉄筋の量は，等分布荷重を受ける場合には，主鉄筋量の1/6以上とする必要がある。また，片持スラブの圧縮側には，スパン直角方向に直径6 mm以上の鉄筋をスラブ厚さの3倍以下の間隔で配置する必要がある。本設計例では，D 13 ($A_s = 126.7$ mm^2) を 250 mm ピッチに配置することとする。このようにすると，配力鉄筋量の主鉄筋量に対する比率は，

$$(126.7/250)/(198.6/125) = 0.32 > 1/6$$

となる。

(3) フーチングの配筋

フーチングは，分布荷重を受ける1方向スラブにモデル化できる。したがって，鉛直壁に準じて，図 16・5 に示すように，軸方向主鉄筋および配力鉄筋を配置すると仮定する。

(a) 断面　　　　(b) 背面

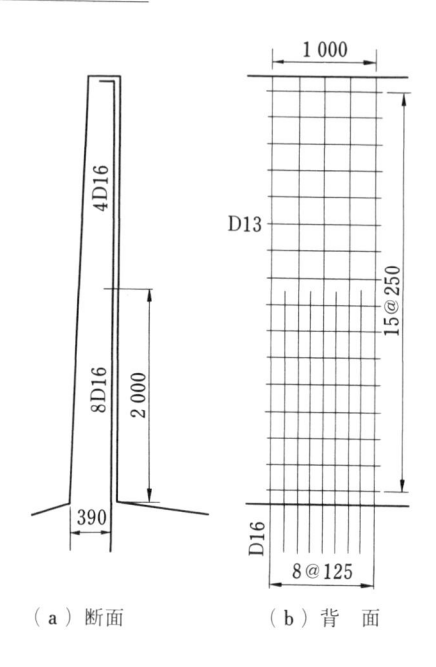

図 16・4　鉛直壁に配置する鉄筋（単位 mm）

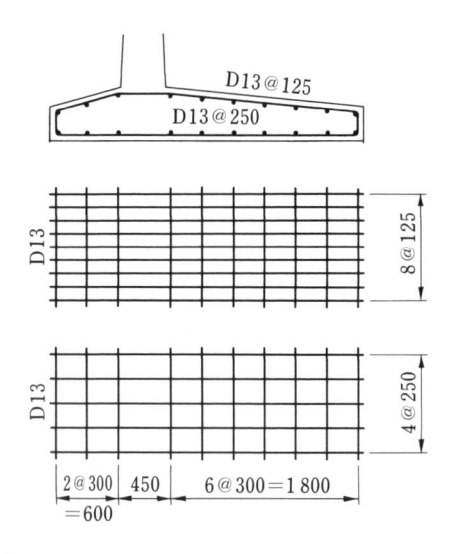

図 16・5　フーチングに配置する鉄筋（単位 mm）

16・3 剛体の安定

16・3・1 土圧およびその作用位置

(1) 常時

主働土圧係数 k_1 を式 (16・1) および式 (16・2) を用いて求める。
ここに，

$\theta_0 = 5°$

$\theta_1 = \tan^{-1}(b_3/h_0)$
　$= \tan^{-1}(1.85/4.5) = 22.3°$

$\phi_1 = 30°$

$\delta = \phi_1 = 30°$

$\beta = \delta + \theta_1$
　$= 30° + 22.3°$
　$= 52.3°$

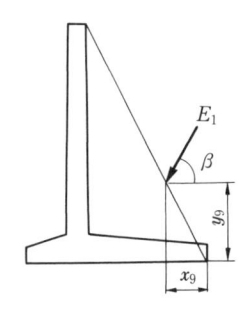

図 16・6 土圧の作用位置

$$\therefore\ c_1 = \sqrt{\frac{\sin(30°+30°)\sin(30°-5°)}{\cos 52.3° \cos(22.3°-5°)}}$$

$$= \sqrt{(0.866 \times 0.423)/(0.612 \times 0.955)} = 0.792$$

$$\therefore\ k_1 = \frac{\cos^2(30°-22.3°)}{\cos^2 22.3° \cos 52.3°(1+0.792)^2}$$

$$= 0.991^2/(0.925^2 \times 0.612 \times 1.792^2)$$

$$= \mathbf{0.584}$$

土圧は三角形分布をするので，その大きさ E_1 および作用位置は次のようになる (図 16・6 参照)。

　$E_1 = k_1 w_1 h_0^2/2 = 0.584 \times 16 \times 4.5^2/2 = \mathbf{94.6\ kN/m}$

　$y_9 = h_0/3 = 4.5/3 = \mathbf{1.5\ m}$

　$x_9 = b_3/3 = 1.85/3 = \mathbf{0.617\ m}$

(2) 地震時

主働土圧係数 k_2 を式（16・3）および式（16・4）を用いて求める。ここに，

$\theta_2 = \tan^{-1} 0.2 = 11.3°$

$c_2 = \sqrt{\dfrac{\sin(30°+30°)\sin(30°-5°-11.3°)}{\cos(52.3°+11.3°)\cos(22.3°-5°)}}$

$= \sqrt{(0.866 \times 0.237)/(0.445 \times 0.955)} = 0.695$

$k_2 = \dfrac{\cos^2(30°-22.3°-11.3°)}{\cos^2 22.3° \cos(52.3°+11.3°)\cos 11.3°(1+0.695)^2}$

$= 0.998^2/(0.925^2 \times 0.445 \times 0.981 \times 1.695^2)$

$= 0.928$

したがって，土圧の大きさ E_2 および作用位置は次のようになる。

$E_2 = k_2 w_2 h_0^2 / 2 = 0.928 \times 16 \times 4.5^2/2$

$= 150 \text{ kN/m}$

$y_9 = 1.5 \text{ m}$

$x_9 = 0.617 \text{ m}$

16・3・2 自重およびその作用位置

擁壁自重および仮想背面と鉛直壁との間の土の重量およびその作用位置を求める。

この場合，断面を図 16・7 に示すように，三角形および矩形に分割する。

(1) 自重 D

$D_1 = 0.5\, w_1 h_1 b_3 (h_1/h_0)$

$= 0.5 \times 16 \times 4 \times 1.85 (4/4.5)$

$= 52.6 \text{ kN/m}$

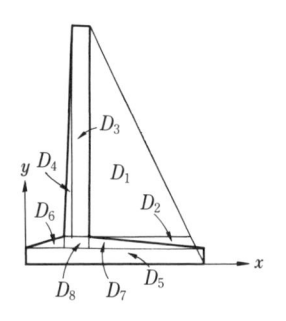

図 16・7 自重とその作用位置

$D_2 = 0.5\,w_1 h_2 b_3 (h_1/h_0)$
$\quad = 0.5 \times 16 \times 0.2 \times 1.85 (4.0/4.5) = 2.6 \text{ kN/m}$

$D_3 = w_0 b_4 h_1 = 24 \times 0.3 \times 4.0 = 28.8 \text{ kN/m}$

$D_4 = 0.5\,w_0 (b_2 - b_4) h_1 = 0.5 \times 24 (0.45 - 0.30) \times 4.0$
$\quad = 7.2 \text{ kN/m}$

$D_5 = w_0 b_0 h_3 = 24 \times 3.0 \times 0.3 = 21.6 \text{ kN/m}$

$D_6 = 0.5 w_0 b_1 h_2 = 0.5 \times 24 \times 0.7 \times 0.2 = 1.68 \text{ kN/m}$

$D_7 = 0.5 w_0 b_3 h_2 = 0.5 \times 24 \times 1.85 \times 0.2 = 4.44 \text{ kN/m}$

$D_8 = w_0 b_2 h_2 = 24 \times 0.45 \times 0.2 = 2.16 \text{ kN/m}$

$D_0 = \Sigma D_i =$ **121 kN/m**

(2) 作用位置 x

$x_1 = (b_1 + b_2) + (1/3) b_3 (h_1/h_0)$
$\quad = (0.7 + 0.45) + (1/3) \times 1.85 \times (4/4.5) = 1.70 \text{ m}$

$x_2 = (b_1 + b_2) + (2/3) b_3 (h_1/h_0)$
$\quad = (0.7 + 0.45) + (2/3) \times 1.85 \times (4/4.5) = 2.25 \text{ m}$

$x_3 = (b_1 + b_2) - b_4/2 = 1.15 - 0.3/2 = 1.00 \text{ m}$

$x_4 = b_1 + (2/3)(b_2 - b_4)$
$\quad = 0.7 + (2/3)(0.45 - 0.30) = 0.80 \text{ m}$

$x_5 = b_0/2 = 3.0/2 = 1.50 \text{ m}$

$x_6 = (2/3) b_1 = (2/3) \times 0.7 = 0.47 \text{ m}$

$x_7 = (b_1 + b_2) + b_3/3 = 1.15 + 1.85/3 = 1.77 \text{ m}$

$x_8 = b_1 + b_2/2 = 0.7 + 0.45/2 = 0.93 \text{ m}$

∴ $M_1 = \Sigma (D_i x_i) =$ **173 kN・m/m**

$\quad x_0 = M_1/D_0 = 173/121 =$ **1.43 m**

(3) 作用位置 y

$y_1 = (h_2 + h_3) + h_1/3 = (0.2 + 0.3) + 4/3 = 1.83 \text{ m}$

$y_2 = h_3 + (2/3) h_2 = 0.3 + (2/3) \times 0.2 = 0.43 \text{ m}$

$y_3 = (h_2+h_3)+h_1/2 = 0.5+4.0/2 = 2.50$ m

$y_4 = (h_2+h_3)+h_1/3 = 0.5+4.0/3 = 1.83$ m

$y_5 = h_3/2 = 0.3/2 = 0.15$ m

$y_6 = h_3+h_2/3 = 0.3+0.2/3 = 0.37$ m

$y_7 = y_6 = 0.37$ m

$y_8 = h_3+h_2/2 = 0.3+0.2/2 = 0.40$ m

∴ $M_2 = \Sigma(D_i y_i) = $ **189** kN・m/m

$y_0 = M_2/D_0 = 189/121 = $ **1.56** m

16・3・3 地　震　荷　重

$H_1 = k_h D_0 = 0.2 \times 121 = $ **24.2** kN

16・3・4 転倒に対する安全性の検討

(1) 常時における浮上りの検討

鉛直合力のフーチング中心からの偏心量 e_1 は，

$e_1 = b_0/2 - \{M_1 + E_1 \sin\beta(b_0-x_9) - E_1\cos\beta\cdot y_9\}/(D_0 + E_1\sin\beta)$

$= 3.0/2 - \{173+94.6\times0.791\times(3.0-0.617)-94.6\times0.612\times1.5\}$

$/(121+94.6\times0.791) = $ **0.149** m

∴ $e_1 \leqq b_0/6 = 3.0/6 = $ **0.50** m

であるので，基礎の浮上りは生じない。

(2) 常時における安全性の検討

転倒モーメント M_{sd} および設計抵抗モーメント M_{rd} は次のとおりである。

$M_{sd} = E_1\cos\beta\cdot y_9 = 94.6\times0.612\times1.5$

$= $ **86.8** kN・m/m

$M_{rd} = \{M_1 + E_1\sin\beta(b_0-x_9)\}/\gamma_0$

$= \{173+94.6\times0.791\times(3.0-0.617)\}/1.5$

$= $ **234** kN・m/m

$$\therefore \gamma_i M_{sd}/M_{rd} = 1.5 \times 86.8/234$$
$$= 0.56 \leq 1.0$$

であるので,常時の転倒に対して十分安全である。

(3) 地震時における安全性の検討

地震時における転倒モーメント M_{sd} および設計抵抗モーメント M_{rd} は次のとおりである。

$$M_{sd} = E_2 \cos\beta \cdot y_9 + H_1 y_0$$
$$= 150 \times 0.612 \times 1.5 + 24.2 \times 1.56 = \mathbf{175\ kN \cdot m/m}$$
$$M_{rd} = \{M_1 + E_2 \sin\beta(b_0 - x_9)\}/\gamma_0$$
$$= \{173 + 150 \times 0.791(3.0 - 0.617)\}/1.5 = \mathbf{304\ kN \cdot m/m}$$
$$\therefore \gamma_i M_{sd}/M_{rd} = 1.0 \times 175/304 = \mathbf{0.58} \leq 1.0$$

であるので,地震時の転倒に対して十分に安全である。

16・3・5 滑動に対する安全性の検討

(1) 常時における安全性の検討

作用水平力 H_{sd} および設計抵抗水平力 H_{rd} は次のとおりである。

$$H_{sd} = E_1 \cos\beta$$
$$= 94.6 \times 0.612 = \mathbf{57.9\ kN}$$
$$H_{rd} = (D_0 + E_1 \sin\beta)\tan\phi_2/\gamma_h$$
$$= (121 + 94.6 \times 0.791) \times \tan 40°/1.5 = \mathbf{110\ kN}$$
$$\therefore \gamma_i H_{sd}/H_{rd} = 1.5 \times 57.9/110 = \mathbf{0.79} \leq 1.0$$

であるので,常時の滑動に対して安全である。

(2) 地震時における安全性の検討

$$H_{sd} = E_2 \cos\beta + H_1$$
$$= 150 \times 0.612 + 24.2 = \mathbf{116\ kN}$$
$$H_{rd} = (D_0 + E_2 \sin\beta)\tan\phi_2/\gamma_h$$
$$= (121 + 150 \times 0.791) \times \tan 40°/1.5 = \mathbf{134\ kN}$$

∴ $\gamma_i H_{sd}/H_{rd} = 1.0 \times 116/134 = 0.87 \leq 1.0$

であるので，地震時の滑動に対して安全である。

16・3・6　鉛直支持力に対する安全性の検討

(1) 常時における安全性の検討

$V_{sd} = D_0 + E_1 \sin\beta$

$\quad = 121 + 94.6 \times 0.791 = $ **196 kN/m**

$V_{rd} = b_e \{(1+0.3h_4/b_e)w_1 h_4 N_q + 0.5 w_2 b_e N_r\}/\gamma_v$

ここに，N_q，N_r は支持力係数（道路橋示方書・同解説Ⅳ下部構造編参照）

$\quad b_e$ は有効載荷幅，

$\phi_2 = 40°$

$H_{sd}/V_{sd} = 57.9/196 = 0.295$

したがって，

$N_q = 30$

$N_r = 24$

$b_e = b_0 - 2 e_1 = 3.00 - 2 \times 0.149 = 2.70$ m

∴ $V_{rd} = 2.70\{(1+0.3 \times 0.5/2.70) \times 16 \times 0.5 \times 30$
$\qquad + 0.5 \times 19 \times 2.70 \times 24\}/1.5 = $ **1 564 kN/m**

$\gamma_i V_{sd}/V_{rd} = 1.5 \times 196/1\,564 = 0.19 \leq 1.0$

(2) 地震時における安全性の検討

$V_{sd} = D_0 + E_2 \sin\beta$

$\quad = 121 + 150 \times 0.791 = $ **240 kN/m**

$H_{sd}/V_{sd} = 116/240 = 0.483$

したがって，

$N_r = 9.1, \quad N_q = 18$

$$e_2 = b_0/2 - \{M_1 + E_2 \sin\beta (b_0 - x_9) - E_2 \cos\beta \cdot y_9 - H_1 y_0\}/(D_0 + E_2 \sin\beta)$$
$$= 3/2 - \{173 + 150 \times 0.791(3 - 0.617) - 150 \times 0.612 \times 1.5$$
$$- 24.2 \times 1.56\}/(121 + 150 \times 0.791) = \mathbf{0.331 \text{ m}}$$
$$b_e = b_0 - 2\,e_2 = 3.00 - 2 \times 0.331 = \mathbf{2.34 \text{ m}}$$
$$V_{rd} = b_e\{(1 + 0.3\,h_4/b_e)\,w_1 h_4 N_q + 0.5\,w_2 b_e N_r\}/\gamma_v = \mathbf{555 \text{ kN/m}}$$
$$\therefore \quad \gamma_i V_{sd}/V_{rd} = 1.0 \times 240/555 = \mathbf{0.43} \leq 1.0$$

16・3・7 検討結果のまとめ

剛体安定についての安全性の検討結果をまとめると，表 16・2 のようになる。この結果から判断すれば，フーチングの幅を幾分小さくすることも可能である。

表 16・2 剛体安定についての安全性の検討

		常 時	地震時
転 倒	$\gamma_i M_{sd}/M_{rd}$	0.56	0.58
滑 動	$\gamma_i H_{sd}/H_{rd}$	0.79	0.87
支 持	$\gamma_i V_{sd}/V_{rd}$	0.19	0.43

16・4 鉛直壁の設計

鉛直壁に作用する軸方向力は無視できるほど小さく，荷重の繰返し載荷による疲労の影響も受けない。したがって，終局限界状態として，曲げ耐力およびせん耐断力の検討を行うと共に，使用限界状態としてひびわれ幅の検討を行う。

16・4・1 曲げ耐力の検討

曲げモーメントの変化よりも断面の変化の方が緩いので，曲げ耐力の検討位置を，固定端と鉄筋端 ($x = 2$ m) から基本定着長だけ下がった位置とする。鉛直壁の断面および配筋は図 16・8 に示すようである。

かぶり：$c = 52$ mm

鉄筋直径：$\phi = 16$ mm

有効高さ：$d = (390 - 150\,x/h_1)$ mm $= 390$ mm $(x = 0$ m$)$
$$= 333 \text{ mm } (x = 1.53 \text{ m})$$

基本定着長 ℓ_d は，式 (14・3) より次のようになる．

$\ell_d = \alpha_1 \alpha_2 \alpha_3 A_s f_{yd} / (u f_{bod})$

ここに，

$\alpha_1 = \alpha_2 = 1.0$

$k_c = c/\phi + 15 A_t/(s\phi) = 5.2/1.6 + 15 \times 1.267/(25.0 \times 1.6)$
$\quad = 3.73$

∴ $\alpha_3 = 0.6$

$A_s = 198.6$ mm^2

$f_{yd} = 345$ N/mm^2

$u = 50$ mm

$f_{bod} = 0.28\, f'_{ck}{}^{\frac{2}{3}} / \gamma_c$
$\quad = 0.28 \times 9.65/1.3 = \mathbf{2.08\ N/mm^2}$

$\ell_d = 1 \times 1 \times 0.6 \times 198.6 \times 345 / (50 \times 2.08) = \mathbf{395\ mm}$

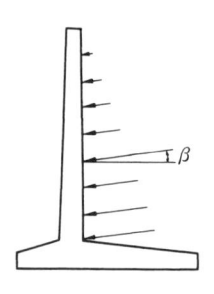

図 16・8 鉛直壁の断面

(1) 土 圧

土圧の分布は図 16・9 のようになり，土圧係数は次のようになる．

(i) 常 時

$\delta = \phi_1/2 = 30°/2 = 15°$

$\theta_1 = 0°$

∴ $\beta = \delta + \phi_1 = 15°$

式 (16・2) より，

図 16・9 土圧の分布

$$c_1 = \sqrt{\frac{\sin(30°+15°)\sin(30°-5°)}{\cos\beta\cos(0°-5°)}}$$
$$= \sqrt{(0.707 \times 0.423)/(0.966 \times 0.996)} = 0.558$$

式 (16・1) より,

$$k_1 = \frac{\cos^2(30°-0°)}{\cos^2 0° \cos(0°+15°)(1+0.558)^2}$$

$$= 0.866^2/(1 \times 0.966 \times 1.588^2) = 0.308$$

(ii) 地震時

$\delta = 0°$, $\theta_1 = 0°$

$\therefore \beta = 0°$

式 (16・4) より,

$$c_2 = \sqrt{\frac{\sin(30°+0°)\sin(30°-5°-11.3°)}{\cos(0°+11.3°)\cos(0°-5°)}}$$

$$= \sqrt{(0.5 \times 0.237)/(0.981 \times 0.996)} = 0.348$$

式 (16・3) より,

$$k_2 = \frac{\cos^2(30°-0°-11.3°)}{\cos^2 0° \cos(0°+11.3°)\cos 11.3°(1+0.348)^2}$$

$$= 0.947^2/(1 \times 0.981 \times 0.981 \times 1.348^2) = 0.513$$

(2) 設計曲げモーメント

(i) 常 時

$\beta = 15°$

$$M_d = \gamma_a \gamma_f \{w_1 k_1 \cos\beta(h_1-x)^3/6 + q_0 k_1 \cos\beta(h_1-x)^2/2\}$$

$$= 1 \times 1.15 \{16 \times 0.308 \times 0.966(4-x)^3/6$$

$$\qquad + 10 \times 0.308 \times 0.966(4-x)^2/2\}$$

$$= 0.912(4-x)^3 + 1.71(4-x)^2$$

(ii) 地震時

$\beta = 0°$

$$M_d = \gamma_a \gamma_f [w_1 k_2 \cos\beta(h_1-x)^3/6 + q_0 k_2 \cos\beta(h_1-x)^2/2 + w_0 k_h \{3b_4 + (b_2 - b_4)(h_1-x)/h_1\}(h_1-x)^2/6]$$

$$= 1 \times 1.15 \{16 \times 0.513 \times 1.0(4-x)^3/6 + 10 \times 0.513 \times 1.0(4-x)^2/2$$
$$+ 24 \times 0.2\{3 \times 0.3 + (0.45 - 0.30)(4-x)/4\}(4-x)^2/6]$$
$$= 1.57(4-x)^3 + 2.95(4-x)^2 + 0.92\{0.9 + 0.0375(4-x)\}(4-x)^2$$
$$= 1.60(4-x)^3 + 3.78(4-x)^2$$

ここに,xは固定端からの距離である.また,固定端以外においては,曲げ引張破壊の検討は,シフトルールによって,有効高さdだけずらした位置の曲げモーメントに対して行うので,この式におけるxの代わりに$x-d$を用いる.したがって,検討断面は,$x=0$および$x=2.00-0.395-0.333=1.27$ mとすればよい.

(3) **設計曲げ耐力 M_{ud}**

軸力は小さいので無視でき,鉄筋比は明らかに釣合鉄筋比以下であるので,曲げ引張破壊に対する安全性を検討すればよい.

$$M_{ud} = A_s f_{yd} d(1 - 0.6 p f_{yd}/f'_{cd})/\gamma_b$$

ここに,

$f_{yd} = f_{yk}/\gamma_s = 345/1.0 = 345$ N/mm^2

$f'_{cd} = f'_{ck}/\gamma_c = 30/1.3 = 23.1$ N/mm^2

$\gamma_b = 1.15$

(4) **安全性の検討**

以上の計算結果を,表16・3に示す.安全性の検討は次式を満足することを確かめればよい.

$\gamma_i M_d/M_{ud} \leq 1.0$

ここに,γ_iは常時1.15,地震時1.0である.表16・3によれば,$\gamma_i M_d/M_{ud}$は,1.0以下であって,断面の曲げ耐力は十分に安全である.したがって,断面の曲げ耐力に対する安全性の点からは,次のような処置を採り得る.

(i) 鉄筋の断面積を減ずる.

(ii) 断面の有効高さを減ずる.

(iii) 鉄筋の降伏強度を下げる.

また，$x=1.27$ m よりも $x=0$ のときの方が安全率は小さいので，鉄筋切断位置を幾分固定端よりに変えることも可能である．

表 16・3 曲げ耐力の検討結果

	x (m)	0	1.27
常 時	A_s (mm^2)	1 589	795
	d (mm)	390	342
	p (%)	0.407	0.232
	M_{ud} (kN·m)	179	79.9
	$\gamma_i M_d$	98.6	36.0
	$\gamma_i M_d / M_{ud}$	0.55	0.45
地震時	$\gamma_i M_d$	163	60.7
	$\gamma_i M_d / M_{ud}$	0.91	0.76

16・4・2 せん断耐力の検討

せん断耐力の検討断面は，固定端の代わりに $h/2$ だけ離れた位置 ($x=0.225$ m) とするほかは曲げ耐力の検討位置と同じとする．

(1) **設計せん断力 V_d**

(i) 常 時

部材高さが変化する場合の設計せん断力は，曲げ圧縮力および曲げ引張力のせん断力に平行な成分 V_{hd} を減じて算定する必要がある．V_{hd} は次式によって求められる．

$$V_{hd} = (M_d/d)\tan\alpha_c$$

ここに，

M_d：設計せん断力作用時の曲げモーメント (16・4・1 参照)

d ：断面の有効高さ

α_c：圧縮縁が部材軸となす角度，$\tan\alpha_c = 15/400 = 0.0375$

$$V_d = \gamma_a \gamma_f \{w_1 k_1 \cos\beta (h_1-x)^2/2 + k_1 q_0 \cos\beta (h_1-x)\} - V_{hd}$$
$$= 1.15\{16 \times 0.308 \times 0.966(4-x)^2/2 + 0.308 \times 10 \times 0.966(4-x)\}$$

$\qquad -0.0375(M_d/d)$
$\quad =2.74(4-x)^2+3.42(4-x)-0.0375(M_d/d)$

(ii) 地震時

$V_d = \gamma_a\gamma_f[w_1k_2\cos\beta(h_1-x)^2/2+k_2q_0\cos\beta(h_1-x)+w_0k_h\{2b_4+(b_2-b_4)(h_1-x)/h_1\}(h_1-x)/2]-V_{hd}$

$\quad =1.15[16\times0.513\times1.0(4-x)^2/2+0.513\times10\times1.0(4-x)+24\times0.2$
$\qquad \{2\times0.3+(0.45-0.30)(4-x)/4\}(4-x)/2]-0.0375(M_d/d)$

$\quad =4.72(4-x)^2+5.90(4-x)+2.76\{0.6+0.0375(4-x)\}(4-x)$
$\qquad -0.0375(M_d/d)$

$\quad =4.82(4-x)^2+7.56(4-x)-0.0375(M_d/d)$

(2) **設計せん断耐力 V_{yd}**

せん断補強鉄筋を配置しないものとして計算する。

$V_{cd}=f_{vvcd}b_wd/\gamma_b=f_{vvcd}\times1\,000\times d/1.3=769\,f_{vvcd}$

　ここに，

$\beta_d=\sqrt[4]{1/d}$

$\beta_p=\sqrt[3]{100p}$

$f_{vcd}=0.20\sqrt[3]{f'_{cd}}$

$f_{vvcd}=\beta_d\beta_pf_{vcd}=\beta_d\beta_p\sqrt[3]{23.1}=0.569\,\beta_d\beta_p$

(3) **安全性の検討**

以上の計算結果を，表 16・4 に示す。安全性の検討は，

$\quad \gamma_iV_d/V_{cd}\leqq1.0$

であることを確認することによって行ってよい。ここに，γ_i は常時に対して1.15，地震時に対して1.0である。表 16・4 によれば，γ_iV_d/V_{cd} は，0.61以下あって，十分に安全である。したがって，断面厚を小さくすることは可能である。また，鉄筋切断点から計算上不要となる断面までの間 $(1.53\leqq x\leqq2.0)$ では，設計せん断耐力 V_{cd} が設計せん断力 V_d の1.5倍以上あるので，このように引張鉄筋を引張力を受けるコンクリートに定着してもよいのである。なお，斜

め圧縮破壊に対する安全性は明らかに十分であるので，その検討は省略する。

表 16・4 せん断耐力の検討結果

x (m)		0.225	1.53	2.0
d (mm)		382	333	315
β_d		1.272	1.316	1.335
β_p		0.746	0.620	0.632
f_{vcd} (N/mm²)		0.540	0.464	0.480
V_{cd} (kN/m)		159	119	116
常時	M_d	73.4	24.2	14.1
	$\gamma_i V_d$	59.7	28.9	20.5
	$\gamma_i V_d / V_{cd}$	0.38	0.24	0.18
地震時	M_d	140	47.2	27.9
	$\gamma_i V_d$	97.2	48.1	34.4
	$\gamma_i V_d / V_{cd}$	0.61	0.40	0.30

16・4・3 ひびわれの検討

(1) 作用曲げモーメント M_d

ひびわれに対する安全性の検討は，すべての安全係数を1として行うので，作用曲げモーメントは，16・4・1(2)より，

$$M_d = w_1 k_1 \cos\beta (h_1-x)^3/6 + q_0 k_1 \cos\beta (h_1-x)^2/2$$

ここに，

$w_1 = 16 \text{ kN/m}^3$

$q_0 = 10 \text{ kN/m}^2$

$k_1 = 0.308$

$\beta = \theta_1 + \delta = 0° + 15° = 15°$

$h_1 = 4.0 \text{ m}$

∴　$M_d = 0.793(4-x)^3 + 1.49(4-x)^2$

ただし，x は固定端からの距離である。

(2) 鉄筋応力度 σ_s

鉄筋応力度は式 (10・5) より，

$\sigma_s = M_d / (A_s j d)$

ここに，

$j = 1 - k/3$

$k = np\{-1 + \sqrt{1 + 2/(np)}\}$

$n = 7.1$

(3) **ひびわれ幅 w**

ひびわれ幅の算定式は，式 (11・5) より，

$w = \{(\sigma_s / E_s) + \varepsilon'_{cs}\} \ell$

ここに，

$E_s = 200 \text{ kN/mm}^2$

鉛直壁の引張側は常に土に接しているので，$\varepsilon'_{cs} = 0$ とする。また，式 (11・6) より，

$\ell = 4c + 0.7(c_s - \phi)$

$c = 52 \text{ mm}$

$c_s = 125 \text{ mm}$ または 250 mm

$\phi = 16 \text{ mm}$

(4) **許容ひびわれ幅**

一般の環境条件であるので，許容ひびわれ幅は表 11・1 より，

$w_a = 0.005c = 0.005 \times 52$

$ = 0.26 \text{ mm}$

ここに，c はかぶりである。

(5) **安全性の検討**

以上の計算結果を表 16・5 に示す。

w/w_a は，0.71以下であって，耐久性から定まるひびわれ幅の規定である1.0以下を十分に満足している。

表 16・5 ひびわれ幅の検討結果

x (m)	0	1.0	1.53	2.0	3.0
M_d (kN·m)	74.6	34.8	21.0	12.3	2.3
np	0.028 9	0.032 0	0.017 0	0.017 9	0.020 3
k	0.213	0.223	0.168	0.172	0.182
j	0.929	0.926	0.944	0.943	0.939
A_s (mm²)	1 589	1 589	795	795	795
d (mm)	390	353	333	315	278
σ_s (N/mm²)	130	67	84	52	11
ℓ (mm)	284	284	372	372	372
w (mm)	0.18	0.10	0.16	0.10	0.02
w/w_a	0.71	0.37	0.60	0.37	0.08

16・4・4 検討結果のまとめ

鉛直壁についての検討結果をまとめると，表 16・6 のようになる．

表 16・6 鉛直壁についての検討結果

	最大モーメントまたはせん断力を生じる位置	計算上鉄筋量が1/2となる位置
曲げ耐力 $\gamma_i M_d/M_{ud}$	0.91	0.76
せん断耐力 $\gamma_i V_b/V_{cd}$	0.70	0.46
ひびわれ w/w_a	0.71	0.60

ここで，曲げ耐力およびせん断耐力はいずれも地震時の方が常時よりもきびしいので，その値を示した．

16・5 フーチングの設計

16・5・1 曲げ耐力の検討

(1) 検討断面

曲げモーメントの変化よりも断面の変化の方が緩いので，曲げ耐力の検討位置を固定端とする。断面配筋は図 16・5 に示す。

(2) **土圧，裏込土重量，自重および地盤反力**（図 16・10 参照）

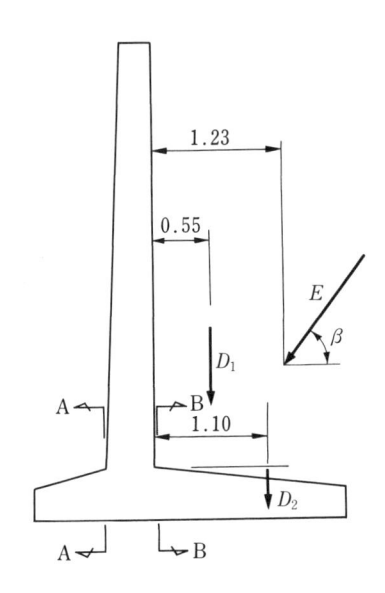

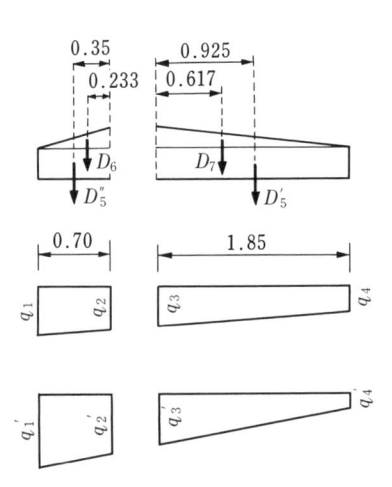

図 16・10 土圧，裏込土重量，自重および地盤反力（単位 m）

(i) 常時

土　　　　　圧：16・3・1より　$E_1 = 94.6 \text{ kN/m}$

裏込土重量：16・3・2より　$D_1 = 52.6 \text{ kN/m}$

$D_2 = 2.6 \text{ kN/m}$

フーチング自重：$D_6 = 1.68 \text{ kN/m}$

$D_7 = 4.44 \text{ kN/m}$

$D_5' = w_0 \cdot h_2 \cdot b_3 = 24 \times 0.3 \times 1.85 = 13.3 \text{ kN/m}$

$D_5'' = w_0 \cdot h_3 \cdot b_1 = 24 \times 0.3 \times 0.7 = 5.04 \text{ kN/m}$

地盤反力：16・3・4より　$e_1 = 0.149 \text{ m}$

$$q_1, q_4 = \frac{1}{b_0} \times (D_0 + E_1 \cdot \sin\beta)\left(1 \pm \frac{6 \times e_1}{b_0}\right)$$

$$= \frac{1}{3.0} \times (121 + 94.6 \times 0.791)\left(1 \pm \frac{6 \times 0.149}{3.0}\right)$$

$$= \begin{cases} 84.7 \text{ kN/m}^2 \\ 45.8 \text{ kN/m}^2 \end{cases}$$

$q_2 = 75.6 \text{ kN/m}^2$

$q_3 = 69.8 \text{ kN/m}^2$

(ii) 地震時

土　　　　　圧：$E_2 = 150 \text{ kN/m}$

裏込土重量，フーチング自重：常時と同じ

地盤反力：16・3・6より　$e_2 = 0.331 \text{ m}$

$$\therefore \quad q_1, q_4 = \frac{1}{b_0} \times (D_0 + E_2 \cdot \sin\beta)\left(1 \pm \frac{6 \times e_2}{b_0}\right)$$

$$= \frac{1}{3.0} \times (121 + 150 \times 0.791) \times \left(1 \pm \frac{6 \times 0.331}{3.0}\right)$$

$$= \begin{cases} 133 \text{ kN/m}^2 \\ 27.0 \text{ kN/m}^2 \end{cases}$$

$q'_2 = 129 \text{ kN/m}^2$

$q'_3 = 92.4 \text{ kN/m}^2$

(3) **設計曲げモーメント**

(i) 常時

断面 A－A

$M_d = \gamma_a \cdot \gamma_f \left(\dfrac{1}{3} \times q_1 \times 0.7^2 + \dfrac{1}{6} \times q_2 \times 0.7^2 - D_6 \times 0.233 - D''_5 \times 0.35 \right)$

$= 1.0 \times 1.15 \times \left(\dfrac{1}{3} \times 84.7 \times 0.7^2 + \dfrac{1}{6} \times 75.6 \times 0.7^2 - 1.68 \times 0.233 - 5.04 \times 0.35 \right)$

$= 20.5 \text{ kN} \cdot \text{m/m}$

断面 B－B

$M_d = \gamma_a \cdot \gamma_f \big(E_1 \cdot \sin\beta \times 1.23 + D_1 \times 0.55 + D_2 \times 1.10 + D_7 \times 0.617 + D'_5 \times 0.925$

$\qquad - \dfrac{1}{6} q_3 \times 1.85^2 - \dfrac{1}{3} \times q_4 \times 1.85^2 \big)$

$= 1.0 \times 1.15 \times \big(94.6 \times 0.791 \times 1.23 + 52.6 \times 0.55 + 2.6 \times 1.10$

$\qquad + 4.44 \times 0.617 + 13.3 \times 0.925 - \dfrac{1}{6} \times 69.8 \times 1.85^2 - \dfrac{1}{3} \times 45.8 \times 1.85^2 \big)$

$= 53.8 \text{ kN} \cdot \text{m/m}$

(ii) 地震時

断面 A－A

$M_d = \gamma_a \cdot \gamma_f \left(\dfrac{1}{3} \times q'_1 \times 0.7^2 + \dfrac{1}{6} \times q'_2 \times 0.7^2 - D_6 \times 0.233 - D''_5 \times 0.35 \right)$

$= 1.0 \times 1.15 \times \big(\dfrac{1}{3} \times 133 \times 0.7^2 + \dfrac{1}{6} \times 129 \times 0.7^2 - 1.68 \times 0.233$

$\qquad - 5.04 \times 0.35 \big)$

$= 34.6 \text{ kN} \cdot \text{m/m}$

断面B－B

$$M_d = \gamma_a \cdot \gamma_f \Big(E_2 \cdot \sin\beta \times 1.23 + D_1 \times 0.55 + D_2 \times 1.10 + D_7 \times 0.617$$

$$+ D_5' \times 0.925 - \frac{1}{6} \times q_3' \times 1.85^2 - \frac{1}{3} \times q_4' \times 1.85^2 \Big)$$

$$= 1.0 \times 1.15 \times \Big(150 \times 0.791 \times 1.23 + 52.6 \times 0.55 + 2.6 \times 1.10$$

$$+ 4.44 \times 0.617 + 13.3 \times 0.925 - \frac{1}{6} \times 92.4 \times 1.85^2 - \frac{1}{3} \times 27.0 \times 1.85^2 \Big)$$

$$= 126 \text{ kN} \cdot \text{m/m}$$

(4) 設計曲げ耐力 M_{ud}

鉄筋比は，釣合鉄筋比以下であることは明らかであるので，曲げ引張破壊に対する安全性を検討する。

$$M_{ud} = A_s \cdot f_{yd} \cdot d(1 - 0.6 \cdot p \cdot f_{yd}/f_{cd})/\gamma_b$$

ここに，

$f_{yd} = 345 \text{ kN/mm}^2$

$f_{cd} = 23.1 \text{ kN/mm}^2$

$\gamma_b = 1.15$

(5) 安全性の検討

以上の計算結果を，表 16・7 に示す。安全性の検討は次式を満足することを確かめればよい。

$\gamma_i M_d / M_{ud} \leq 1.0$

ここに，γ_i は常時1.15，地震時1.0である。

表 16・7 によれば，$\gamma_i M_d / M_{ud}$ は，0.95 以下であって，断面の曲げ耐力に対して安全である。

表 16・7 曲げ耐力の検討結果

		断面 A—A	断面 B—B
	A_s (mm²)	507	1 010
	d (mm)	400	440
	p (%)	0.127	0.230
	M_{ud} (kN·m)	60.1	131
常 時	$\gamma_i M_d$	23.6	61.9
	$\gamma_i M_d / M_{ud}$	0.39	0.47
地震時	$\gamma_i M_d$	34.6	123
	$\gamma_i M_d / M_{ud}$	0.58	0.94

16・5・2 せん断耐力の検討

(1) 検討断面

せん断耐力の検討断面をつま先版（前趾）については，固定端から $h/2$（＝0.25 m）だけ離れた位置（断面 A′－A′）とし，かかと版（後趾）については，固定端とする。

(2) 土圧，裏込土重量，自重および地盤反力

かかと版は，16・5・1(2) と同じである。つま先版は，検討版面が固定端より 0.25 m 離れた断面であるので，次のようになる。

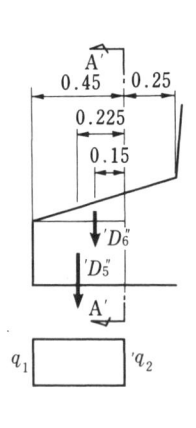

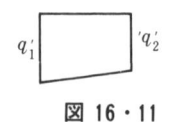

$$'D_6'' = \frac{1}{2} \times 24 \times \frac{0.2}{0.7} \times 0.45 \times 0.45$$

$$= 0.694 \text{ kN/m}$$

$$'D_5'' = 24 \times 0.3 \times 0.45 = 3.24 \text{ kN/m}$$

$$'q_2 = q_2 + \frac{q_1 - q_2}{0.7} \times 0.25 = 78.9 \text{ kN/m}^2$$

図 16・11

$$'q_2' = q_2' + \frac{q_1' - q_2'}{0.7} \times 0.25 = 130 \text{ kN/m}^2$$

(3) 設計せん断力

(i) 常　時

断面 A′－A′

$$V_d = \gamma_a \cdot \gamma_f \left(\frac{1}{2} \times q_1 \times 0.45 + \frac{1}{2} \times 'q_2 \times 0.45 - 'D_6'' - D_5'' \right) - \tan \alpha_c \cdot \frac{M_d}{d}$$

$$= 1.0 \times 1.15 \times \left(\frac{1}{2} \times 84.7 \times 0.45 + \frac{1}{2} \times 78.9 \times 0.45 - 0.694 - 3.24 \right)$$

$$- \left(\frac{0.2}{0.7} \right) \times \left(\frac{1}{3} \times 84.7 \times 0.45^2 + \frac{1}{6} \times 78.9 \times 0.45^2 - 0.694 \times 0.15 \right.$$

$$\left. - 3.24 \times 0.225 \right) / 0.369 = 37.81 - 5.84 = 32.0 \text{ kN/m}$$

断面 B－B

$$V_d = \gamma_a \cdot \gamma_f \left\{ E_1 \cdot \sin \beta + D_1 + D_2 + D_7 + D_5' - \frac{1}{2} \times (q_3 + q_4) \times b_3 \right\} - \tan \alpha_t \cdot \frac{M_d}{d}$$

$$= 1.0 \times 1.15 \times \left\{ 94.6 \times 0.791 + 52.6 + 2.6 + 4.44 + 13.3 \right.$$

$$\left. - \frac{1}{2} \times (69.8 + 45.8) \times 1.85 \right\} - \frac{0.2}{1.85} \times \frac{53.8}{0.44}$$

$$= 46.96 - 13.22 = 33.7 \text{ kN/m}$$

(ii) 地震時

断面 A′－A′

$$V_d = \gamma_a \cdot \gamma_f \left(\frac{1}{2} \times q_1' \times 0.45 + \frac{1}{2} \times 'q_2' \times 0.45 - 'D_6'' - D_5'' \right) - \tan \alpha_c \cdot \frac{M_d}{d}$$

$$= 1.0 \times 1.15 \times \left(\frac{1}{2} \times 133 \times 0.45 + \frac{1}{2} \times 130 \times 0.45 - 0.694 - 3.24 \right)$$

$$- \left(\frac{0.2}{0.7} \right) \times \left(\frac{1}{3} \times 133 \times 0.45^2 + \frac{1}{6} \times 130 \times 0.45^2 - 0.694 \times 0.15 \right.$$

$$\left. - 3.24 \times 0.235 \right) / 0.369$$

$$= 63.53 - 9.68$$

$$= 53.9 \text{ kN·m}$$

断面B－B

$$V_d = \gamma_a \cdot \gamma_f \left\{ E_2 \cdot \sin\beta + D_1 + D_2 + D_7 + D_5' - \frac{1}{2} \times (q_3' + q_4') \times b_3 \right\}$$
$$- \tan\alpha_t \cdot \frac{M_d}{d}$$

$$= 1.0 \times 1.15 \times \{150 \times 0.791 + 52.6 + 2.6 + 4.44 + 13.3$$
$$- \frac{1}{2} \times (92.4 + 27.0) \times 1.85\} - \frac{0.2}{1.85} \times \frac{123}{0.44}$$

$$= 93.32 - 30.22 = 63.1 \text{ kN/m}$$

(4) **設計せん断耐力** V_{yd}

せん断補強鉄筋を配置しないものとする。

16・4・2 と同様に

$V_{cd} = 769 \cdot f_{vvcd} \cdot d$

$f_{vvcd} = 0.569 \cdot \beta_d \cdot \beta_p$

(5) **安全性の検討**

以上の計算結果を，表16・8に示す。

安全性の検討は，$\gamma_i \gamma_d / V_{cd} \leqq 1.0$ であると確認することによって行ってよ

表 16・8 せん断耐力の検討結果

		断面 A′—A′	断面 B—B
d (mm)		369	440
β_d		1.283	1.228
β_p		0.516	0.613
f_{vvcd} (N/mm²)		0.377	0.428
V_{cd} (kN/m)		107	145
常　時	$\gamma_i V_d$	36.8	38.8
	$\gamma_i V_d / V_{cd}$	0.34	0.27
地震時	$\gamma_i V_d$	53.9	63.1
	$\gamma_i V_d / V_{cd}$	0.50	0.44

い。ここに，γ_iは常時に対して1.15，地震時に対して1.0である。

表 16・8 によれば，$\gamma_i V_d / V_{cd}$ は1.0以下であって，十分に安全である。

16・5・3　ひびわれの検討

16・4・3 と同様の手順で検討する。

計算結果を表 16・9 に示す。

表 16・9　ひびわれの検討結果

	断面 A—A	断面 B—B
M_d (kN·m)	18.2	46.9
np	0.009 0	0.032 0
k	0.125	0.223
j	0.958	0.926
A_s (mm²)	507	1 014
d (mm)	400	440
σ_s (N/mm²)	94	111
ℓ (mm)	540	292
w (mm)	0.25	0.16
w_a	0.47	0.27
w/w_a	0.54	0.60

16・5・4　検討結果のまとめ

フーチングについての検討結果をまとめると，表 16・10 のようになる。

表 16・10　フーチングについての検討結果

		つま先版 (A—A，A′—A′)	かかと版 (B—B)
曲げ耐力	$\gamma_i M_d / M_{ud}$	0.58	0.94
せん断耐力	$\gamma_i V_d / V_{ca}$	0.50	0.44
ひびわれ	w/w_a	0.54	0.60

ここで，曲げ耐力およびせん断耐力は，いずれも地震時の方が常時よりも厳

しいので，その値を示した。

16・6　使用材料および断面の変更

　剛体安定についての結果(表 16・2)，鉛直壁についての結果（表 16・6）およびフーチングについての結果（表 16・10）を総合的に検討して，使用材料および断面ならびに配筋を若干修正すれば，さらによい設計となるが，ここでは省略する。

索　引

ア　行

アーム長 ………………… 32
あ　き ………………… 146
圧縮強度 …………… 8, 11
　── 試験 …………… 12
圧縮クリープひずみ … 121
圧縮鉄筋 ………………… 31
圧縮破壊耐力 …………… 75
あばら筋 ………………… 64
安全係数 ………… 26, 143
　── の標準値 ……… 28
　　材料 ────── 14
　　部分 ── 法 ……… 25
異形鉄筋 …………… 9, 19
　── の寸法 ………… 22
　　太径 ────── 20
ウエブコンクリートの圧壊 ……………………… 67
応力-ひずみ曲線 … 15, 20
　設計用 ────── 17, 21
押抜きせん断破壊 ……… 72
帯鉄筋 …………… 50, 64
折曲鉄筋 ………… 64, 147

カ　行

解析モデル ……………… 29
重ね継手 ……… 137, 139
　── 長 …………… 139
荷重係数 ………………… 27
ガス圧接継手 ………… 137
かぶり ………………… 146
換算断面 ………………… 89

乾燥収縮ひずみ ……… 123
緊張材 ………………… 119
　── 引張力 ……… 120
クリープ ……………… 121
　── 係数 …… 122, 123
限界状態 ………………… 24
　── 設計法 ………… 24
公称せん断応力度 ……… 61
構造解析係数 …………… 27
構造細目 ………………… 30
構造設計 ………………… 24
構造物係数 ……………… 28
降伏強度 …………… 9, 19
降伏耐力 …………… 75, 84
降伏点 …………………… 21
　── 強度 …………… 20
降伏ひずみ ……………… 20
コーベル ………………… 77
古典トラス理論 ………… 65
コンクリート …………… 8

サ　行

最小かぶり …………… 146
最小主鉄筋量 ………… 145
最大主鉄筋量 ………… 145
最大ひずみ ……………… 18
材料係数 ………………… 26
シース ………………… 120
軸方向圧縮力 …………… 49
支持力係数 …………… 178
自動ガス圧接継手 …… 138
終局限界状態 …………… 24
主働土圧係数 ………… 167

主引張応力度 …… 59, 61
使用限界状態 …………… 24
シリンダー強度 ………… 11
スターラップ …… 64, 147
スパン ………………… 141
スラブ …………… 72, 170
設計荷重 ………………… 29
設計基準強度 … 11, 13, 91
設計作用値 ……………… 25
設計作用断面力 ……… 103
設計耐力 ………………… 25
設計断面力 ……………… 25
設計抵抗値 ……………… 25
セット量 ……………… 121
線形解析 ………………… 30
せん断応力度 …………… 59
せん断破壊 ……………… 59
せん断疲労 …………… 110
　── 耐力 ………… 110
せん断耐力 ……………………… 62, 66, 67, 77
　設計押抜き ── …… 72
せん断伝達 ……………… 76
　設計 ── 耐力 …… 76
せん断補強鉄筋 ………… 64
相互作用図 ……………… 51

タ　行

たわみの許容値 ……… 144
弾性係数 …… 9, 16, 123
　割線 ────── 16
　初期接線 ────── 16
　接線 ────── 16

198 索引

単鉄筋……………………31
断面耐力算定……………32
断面2次モーメント……88
直線被害則……………104
釣合鉄筋比………………38
釣合ねじりモーメント…79
釣合偏心量………………51
Ｔ形ばり………………140
抵抗曲げモーメント……32
ディープビーム…………76
定着長…………………134
　　基本――――――134
　　必要――――――134
定着付着強度…………134
定着余長………………135
鉄　　筋…………………9
　　――の継手………137
　　――の定着………132
鉄筋コンクリート………7
　　――用棒鋼…………19
鉄筋比…………………147
等価応力ブロック………35
倒立Ｔ形擁壁…………165
トラス理論………………64

ナ　行

斜め引張鉄筋……………64
斜めひびわれ……………59
　　――せん断耐力……
　　……………… 62, 110
ねじ加工継手…………138
ねじふし鉄筋継手……138
ねじり耐力……………
　　……79, 81, 82, 83, 86

ハ　行

配力鉄筋………………171

腹鉄筋……………………64
ＰＣ鋼材………………119
非線形解析………………30
引張側定着……………136
引張強度………8, 12, 15
　　――試験……………12
引張試験…………………21
引張強さ…………………21
引張鉄筋…………………31
ひびわれ…………………95
　　――発生……………127
　　――幅………………100
許容――幅……96, 97
標準フック……………133
疲労荷重………………104
疲労強度…………104, 106
　　設計――……105, 107
疲労限界状態……………25
疲労設計法……………103
疲労耐力…………103, 108
疲労破断… 106, 109, 113
複鉄筋……………………31
部材係数…………26, 69
ふ　し……………………20
　　――の許容限度……22
付着応力………………132
フック…………………133
フルプレストレッシング………………126
プレストレス…………119
プレストレスコンクリート……………………119
プレテンション方式…120
平均付着応力度…………99
平均ひずみ……………100
変形適合ねじりモーメント………………………79

(設計)偏心軸方向圧縮耐力………………………52
偏心軸方向力……………48
ポストテンション方式……
　　……………………120

マ　行

曲げ圧縮破壊……………32
曲げ応力度…………87, 90
　　――の算定…………87
曲げ強度……………12, 15
曲げ圧縮破壊……………32
曲げ引張耐力……………37
曲げ引張破壊………32, 36
曲げ疲労………………108
面内せん断力……………74
面部材の設計耐力………75
面部材の設計面内力……74
モルタル充填継手……138

ヤ　行

ヤング係数比………88, 91
有効係数………………124
溶融金属充填継手……138

ラ　行

らせん鉄筋………………50
リ　ブ……………………20
リラクセーション……123
　　――率……………123
　　(見掛けの)―――123

〔著者略歴〕

岡村　甫（おかむら　はじめ）
　昭和13年　高知に生まれる
　昭和36年　東京大学工学部土木工学科卒業
　現　　在　高知工科大学副学長　工学博士
　　　　　　東京大学名誉教授
　主な著書「コンクリート構造の限界状態設計法」
　　　　　「鉄筋コンクリートの非線形解析と構成則」
　　　　　「ハイパフォーマンスコンクリート」

前田詔一（まえだ　しょういち）
　昭和24年　鹿児島に生まれる
　昭和47年　大阪大学工学部土木工学科卒業
　現　　在　西松建設　土木設計部副部長

（肩書きは三訂版発行時）

鉄筋コンクリート工学（三訂版）

1987 年 1 月 25 日	初　版　発　行	
1993 年 1 月 27 日	改　訂　版　発　行	
2000 年 3 月 17 日	三　訂　版　発　行	
2018 年 3 月 30 日	三訂版第15刷	

　　　　　執筆者　　岡　　村　　　甫
　　　　　　　　　　前　　田　　詔　　一
　　　　　発行者　　澤　　崎　　明　　治

　　（印刷）㈱廣済堂　　（製　本）三省堂印刷㈱
　　　　　　　　　　　　（トレース）丸山図芸社

　　　　　発行所　株式会社　市ヶ谷出版社
　　　　　　　　　東京都千代田区五番町5
　　　　　　　　　　　電　話　03-3265-3711(代表)
　　　　　　　　　　　Ｆ Ａ Ｘ　03-3265-4008

　　Ⓒ 2000　　　ISBN978-4-87071-153-2